中国式有机农业
（设施蔬菜持续高产高效关键技术研究与示范项目成果、
河南省大宗蔬菜产业技术体系专项资助）

有机西红柿
高产栽培流程图说

仪伟秀　马新立　王广印　著

科学技术文献出版社
SCIENTIFIC AND TECHNICAL DOCUMENTATION PRESS
·北京·

图书在版编目(CIP)数据

有机西红柿高产栽培流程图说 / 仪伟秀，马新立，王广印著. —北京：科学技术文献出版社，2013.9

（中国式有机农业）

ISBN 978-7-5023-7686-4

Ⅰ.①有… Ⅱ.①仪…②马…③王… Ⅲ.①番茄 – 蔬菜园艺 – 无污染技术 – 图解 Ⅳ.① S641.2–64

中国版本图书馆 CIP 数据核字（2012）第 314097 号

有机西红柿高产栽培流程图说

策划编辑：周国臻　责任编辑：周国臻　责任校对：唐　炜　责任出版：张志平

出　版　者	科学技术文献出版社	
地　　　址	北京市复兴路15号　邮编100038	
编　务　部	（010）58882938，58882087（传真）	
发　行　部	（010）58882868，58882874（传真）	
邮　购　部	（010）58882873	
官 方 网 址	http://www.stdp.com.cn	
发　行　者	科学技术文献出版社发行　全国各地新华书店经销	
印　刷　者	北京金其乐彩色印刷有限公司	
版　　　次	2013 年 9 月第 1 版　2013 年 9 月第 1 次印刷	
开　　　本	850 × 1168　1/32	
字　　　数	77千	
印　　　张	4	
书　　　号	ISBN 978-7-5023-7686-4	
定　　　价	16.00元	

作者之一马新立（左）向全国政协副主席张榕明（右）汇报用生物技术生产有机食品使农业增效、食品安全供应的情况。张主席讲："很好，我也研究研究。"

2010年7月，山西省委书记袁纯清（左前二）在新绛县委书记邓雁平（左前一）、县长田艺彬（后左一）的陪同下，调研有机蔬菜的生产供应情况，并要求再增大规模，提高农业效益

　　2013 年 6 月 26 日，"中国式有机农业优质高产栽培技术"成果在北京通过鉴定，被评为"国内领先科技成果"。图为鉴定委员会成员在对该项技术成果进行讨论、论证

　　中国式有机农业优质高产栽培技术发明人，山西恒伟达生物农业科技有限公司顾问马新立在成果鉴定会上向武维华院士汇报基层工作情况

北京五洲恒通认证公司总经理李国秋，2009年6月6日，在山西阳泉华通集团瑞盛有限公司，在采用的生物集成技术、认证的基地进行验收考察。马新立摄

2010年11月24日，马新立与以色列蔬菜栽培专家乔治（中）、翻译（左）在山西省新绛县南王马村传授技术。该村180栋温室利用以色列等国番茄品种，在全国当年90%苗因黄花曲叶病毒感染拔秧的情况下，这里按碳素有机肥+生物菌+植物诱导剂+钾+植物修复素+飞天品种等良法良种技术，667平方米产果1万~2万千克，得到广大群众的认可和赞扬。光立虎摄

2010 年 11 月 3 日，马新立（右二）在陕西杨凌美庭示范园，与国家可持续发展委员会会长（原国务院发展中心）魏志远（左一）、台湾两岸农业开发有限公司董事长翟所强（右三）和副总经理金忆君（右一）讨论生物有机农业技术的规划和应用

2012 年 6 月 6 日，国务院《三农发展内参》办公室主任董文奖（左二）与中国农科院研究员刘立新（右二）在山西新绛县恒伟达生物科技有限公司董事长张宝良（右一，13703594428）、经理张怀良（左一，0359-7698888）陪同下，在该公司视察指导工作

2011年10月2日，山西省农业厅土肥站站长刘银忠（前中）到山西新绛恒伟达生物科技有限公司考察指导工作

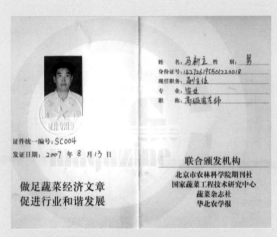

2007年8月13日，马新立被北京《蔬菜》杂志聘为科技顾问

2011 年 3 月 "马新立牌" 有机蔬菜在中国供销合作总社组织的 "秀山特产杯" 2010 "中国具有影响力合作社产品品牌" 评选中，排名第七

马新立研究的生物集成技术——种有机蔬菜的田间栽培方法，2010 年 12 月 10 日，被中华人民共和国国家知识产权局受理为发明专利。2011 年 8 月 3 日通过互联网向全世界公布

山西省新绛县发展生物有机蔬菜被列为供港蔬菜基地，2008年12月16日，被山西省进出口检验检疫局认定为符合出口植物源性食品原料种植基地，并发了备案证书

作者之一马新立设计的生态温室——一种长后坡矮北墙日光温室2011年日，蔬菜产品2011年10月19日被国家知识产权局授予实用新型专利

2005年12月28日，山西省新绛县作物有机认证面积达3133公顷，蔬菜产品行销日本、美国、俄罗斯、韩国等6个国家及我国港澳地区

山西恒伟达生物科技有限公司的造粒设备

山西恒伟达生物科技有限公司的生物菌发酵设备

恒伟达公司产品

2012年1月16日山西恒伟达生物科技有限公司产品被杭州万泰认证有限公司认证为有机生产投入品准用物资

山西恒伟达生物科技有限公司系列产品

前　言 *Preface*

　　现今，国内外对食品安全的要求十分迫切，但普遍认为有机农业是不用化肥和化学农药的，作物产量受到影响会下降20%～50%，而用化学技术（如化肥和农药等）生产的农产品污染严重，这一点是肯定的，而且已给人类造成极大的威胁和灾难。欧美地区采用的以轮作倒茬为中心的生产有机食品模式，即准备生产1亩地（667平方米）有机农作物，就需安排3亩地（2000平方米）的耕地，田间管理不施任何生产物资，靠自然生长产量低得可怜。

　　20世纪末，笔者亲见报端，在德国西红柿667平方米年产达4万千克，可信，但遥不可及，因为我国广大农民投资不起可以自动控温、补光、供营养的现代化连栋温室。

　　笔者经过几年的研究，运用生物有机营养理论，整合当今科技成果，提出了碳素有机肥+复合益生菌（二者结合为生物有机肥，此肥料能使土壤和植物营养平衡，使作物不易被染病害，可避虫，能打开植物次生代谢功能，提高品质和产量）+天然矿物钾（使作物膨果、提高品质的营养元素）+植物诱导剂（提高光合强度和作物的特殊抗逆性）技术+植物修复素（愈合病虫害伤口，提高根部活力）。按此技术操作，不存在连作障碍，几乎不考虑病虫害防治，在任何地区选用任何品种，均可比目前用化学技术提高0.5～3倍的产量。

在不施任何化学合成肥料和农药的前提下，在鸟翼形长后坡矮后墙生态温室内，西红柿667平方米（亩）一年两作产3万～4万千克，收入6万～8万元，并符合国际有机食品标准要求。此技术的推广应用，不仅能降低成本，提高收益，又可提供安全风味食品，从而保证人们的身心健康，也为实现党中央、国务院提出的2020年较2008年农村经济收入翻番开启了一条发展之路。

这项技术2010年被中华人民共和国国家知识产权局认定为发明专利，2011年8月3日正式向世界公布。2012年6月6日，国务院《三农发展内参》办公室主任董文奖与中国农业科学院研究员刘立新亲临山西省新绛县调研。调查认为：新绛县科技人员研究的这种模式系中国式有机农业技术。现将生产过程总结、整理、集结成书，以期能对我国乃至世界三农经济发展和食品安全供应起到积极的作用。敬请读者在应用中提出宝贵意见。

马新立　电话：0359-7600622

概论　中国式有机农业理论实践与展望

第一章　有机栽培技术流程及应用实例图说

第二章　科学依据

附　录

概 论　中国式有机农业理论实践与展望

　　使用化肥、农药、饲料添加剂、生产刺激素、转基因物质等的化学技术农业，从产量上讲已走到尽头，从质量上讲已走到悬崖边。

　　发展有机食品农业是人类的共同追求，西方的有机农业理念，即不计成本地维持原始生态种植，没有认识到生物整合创新高产栽培模式的有效性；开启植物次生代谢途径的重要性；也没有为作物生长补充其必需的、足够的营养，从而制约了农产品产量。其生产模式是："卫生田（不施任何肥料等物质）＋种苗＋换地＋田间管理＝低产有机农作物食品。土壤越种越薄，产量一年比一年低，几年后搁置休闲，重新选一块地生产。"（见中国农科院院士刘立新著《科学施肥新思维与实践》，2008年5月由中国农业科学技术出版社出版）。西方有机食品的生产是以牺牲产量为代价的生产方式，这种方式生产的有机食品只能为社会上层人物和有钱人提供，普通老百姓无力问津。

　　2012年2月1日，中共中央国务院第9个1号文件，关键词是"推进农业科技创新"。要点是"提高单产，靠继续增加使用化肥农药，不仅降低效益，而且破坏环境，也难以为继"，注目点是"把增产增效并重，良种良法配套，农机农艺结合，生产生态作为基本要求"，创新点是"大力加强农业技术研究，在农业生物控制、生物安全和农产品安全等方面突破一批重大技术理论和方法，加强推进前沿技术研究，在农业生物技术、信息技术、新材料技术、先进制造技术、精准农业技术等方面取得一批重大自主创新成果，抢占现代农业科技制高点"。所以，农业科研工作者必须有效整合科技资源，集成、熟化、推广农业科技成果。

党的十八大提出，2020年农业经济较2010年翻一番。我们确信，如果在区域推广我们整合的碳素有机肥+有益菌+植物诱导剂+钾等生物集成发明专利技术，1~2年农业经济就能翻一番。

中国式有机农业生物集成创新高产栽培模式，一是将中国"农业八字宪法"提升为"作物十二平衡管理技术"，即"土、肥、水、种、密、保、管、工"改为"土、肥、水、种、密、气、温、光、菌、环境设施、地上与地下、营养生长与生殖生长"等十二平衡；二是将作物生长的三大元素氮、磷、钾调整为碳、氢、氧；三是将作物生长主要靠太阳的光合理论调整为靠生物有益菌的有机营养理论，从而创新集成为五大要素，即碳素有机肥（如秸秆、禽畜粪等）+复合生物菌剂+天然矿物钾+植物诱导剂（有机农产品生产准用认证物资）+种苗=投入比化学农业技术成本降低30%~50%，产量提高0.5~3倍，产品符合国际有机食品标准要求。虽然不用化肥和化学农药，但必须用碳素有机肥来保障作物生长的主要营养元素供应；用复合生物菌液提高自然界营养的利用率；用天然钾壮秆膨果提高产量；用植物诱导剂增根控秧防治病虫害。选择适宜当地消费的品种，增加市场份额，提高种植收益。

有人问，生物技术这么好，为什么10多年来在农业应用上发展不起来，原因就是技术集成不到位，套餐应用不到位。施钾长果，配合施植物诱导剂控秧，提高光合利用率，产量才能提高0.5~2倍。生物技术靠吸收空气中的氮和二氧化碳，分解土壤中的养分，提高有机肥利用率和阳光利用率，无须施用化肥和化学农药等有机食品生产禁用物质，产品自然就是有机食品。该项技术属国际先进水平，目前无同类技术相媲美。

我国农业八字宪法（土、肥、水、种、密、保、管、工）于20世纪后叶在农业生产发展上起到了重大指导作用，特别是化学肥料、农药的生产和应用，对解决我国人民温饱问题起到了主导作用，但它同时也束缚了广大干部、农民对现代、生物和有机农业的认识和发展，不能充分地利用天然资源，如空气中的氮、二氧化碳及阳光利用率不足1%～6%，生物秸秆和土壤矿物营养当季利用率不到25%，化学肥料利用率也只有10%～30%。十二生态平衡技术（土、肥、水、种、密、气、光、温、菌、地上与地下、营养生长和生殖生长、环境设施）的提出，注重利用光、温、气、菌天然因素，农业投入成本较化学农业技术可降低50%，产量可提高0.5～1倍以上，产值可提高1～3倍。

创新成果点一。作物生长的三大元素是碳、氢、氧，约占干物质的96%，而不是传统认为的氮、磷、钾，占2.7%～4%。也就是说，作物鲜体含水分90%左右，11千克可干成1千克干秸秆，那么，1千克干秸秆在水分和复合益生菌的作用下，可长11千克新生植物体。对叶菜而言，1千克干秸秆可长11千克；对果树、果菜而言，1千克干秸秆可长5～7千克瓜果；对粮食作物而言，茎秆与光子粒各占50%左右，1千克干秸秆可长0.5～0.6千克，但必须是在集成技术的共同作用下才可能达到。而且，秸秆是多种营养成分共存的复合体。干秸秆中含碳45%，牛粪、鸡粪中含碳25%左右，作物高产所需碳氮比过去为30∶1，增产幅度1∶1，而现实证明，碳氮比达60∶1～80∶1，增产幅度在1∶1的基础上，还可增产1～1.5倍。2009年5月24日，国务院委派中国农科院院士闵九康一行11人到新绛考察，笔者列举了100名产量翻番用户，证明推广这项科技成果可行。该项科技成果已以《绿色蔬菜栽培100题》为书名，由金盾出版社于2012年8月出版。

创新成果点二。复合有益菌利用和分解有机碳素物，将碳、氢、氧、氮等营养以菌丝残体形态直接通过植物根系进入新生植物体，利用和生成有机物是光合作用的3倍，那么增产幅度就是1～3倍。钾是作物品质高产元素，50%天然矿物钾或赛众28硅钾调理肥（属有机农产品准用认证物资），含量50%钾100千克可生成果瓜8000千克，叶菜1.2万～1.6万千克，可生成粮食1660千克。植物诱导剂可控秧徒长，增根1倍左右，光合强度增加0.5～4倍，抗病、抗虫，几乎不需农药，植物修复素增甜、增色、增产显著。

目前，我国化学技术和生物有机集成技术，西红柿、辣椒的产量对比情况为：化学技术一茬产量0.3万～0.8万千克，生物技术一茬667平方米产量1.5万～2万千克。

用尿素、硝酸铵、磷酸二铵、磷酸一铵、硝酸磷、硝酸钾等化学合成肥料和化学合成农药，生长刺激素，栽培管理农作物是化学技术农业，是目前我国农业生产的主要技术模式。

用生物秸秆即植物残体与动物粪便（畜、禽粪）、复合益生菌、天然矿物钾或生物钾肥、植物诱导剂（植物制剂）、植物修复素（矿物制剂）五要素作业就是生物集成成果技术，就是农业创新技术模式，产品属有机食品。应用生物集成技术，碳素有机肥可就地收集沤制，就地应用于生产，益生菌剂可方便生产和自繁，其他物料可批量供应，地方农作物产量可成倍提高，农业收入即可翻番；食品实现优质供应。可谓一举两得。

生物有机集成技术要素的关系要求：

一是碳素有机肥。作物生长的三大元素是碳、氢、氧，占作物体所需95%左右，即秸秆、畜禽粪、风化煤、草炭、各种农副产品下脚料，饼肥；而不是只占作物体2.7%的氮、磷、钾。所以，施大量化肥，浪费量为70%～90%，污染环境和食品。目前，化学农业增产已到极限，再想提高已没什么前景。而有机肥中的碳、氢、氧是决定产量翻番的基本物资。如果摆正需求量的主次，就能使作物高产、优质。

二是复合益生菌。有机肥必须施用益生菌液。有机肥在杂菌作用下只能利用20%～24%，76%～80%有机营养放空而去。而在有机肥上撒上复合益生菌，其中的碳、氢、氧、氮不仅全利用，而且还会吸收空气中的二氧化碳（含量为330毫克/千克），吸收空气中的氮元素（含量为79.1%）。在不施生物菌和肥的情况下，空气中的营养利用率不足1%，用上复合益生菌后，利用率可提高1倍以上。所以，化肥是低循环利用，复合生物菌对天然有机营养是高循环利用，利用率可提高1～3倍，产量也就可提高1～3倍。

另外，生物菌还有几个好作用。①根系可直接吸收土壤中的有机质营养，即不通过光合作用合成产品；②平衡土壤和植物营养，作物不易染病；③使害虫不易产生脱壳素而窒息死亡，能化虫；④能打开植物风味素和感化素，品质优良、好吃，而施化学物能闭合植物次生代谢功能，"两素"不能释放、口感不好、营养价值低，是因为每种作物产品的特殊风味释放不出来；⑤能分解土壤中的营养，吸收空气中的营养。

三是钾营养。贮钾就是贮粮菜。作物产量要翻番，除新疆罗布泊和青海、甘肃区域土壤中钾盐丰富区，土壤含钾量在200～400毫克/千克不必施钾外，全国各地土壤含量都在100毫克/千克左右，作物要高产，必须补钾。瓜果作物施含量50%天然矿物钾100千克按产果8000千克投入计算，产叶菜1.2千克～1.6千克，产小麦、玉米等干子粮食1660千克。

四是植物诱导剂。有机肥、生物菌、三结合，作物抗病长势旺，秆壮，但不一定能高产，因为作物往往徒长，营养生长过旺，必然抑制生殖生长。怎么办？用植物诱导剂灌根或叶面喷洒，控秧促根，控蔓促果，提高叶片光合强度0.5～4倍，作物抗热、抗冻、抗病，生长能量特强，产量就特高。

从理论上讲，党的十八大报告中提出"促进创新资源高效配置和综合集成"、"大力推进生态文明建设"。邓小平同志曾经指出："二十一世纪是生物农业。""将来中国农业问题的出路要由生物工程解决，要靠尖端技术解决。"现在已是21世纪，发展生物农业，应从现在尽力做起。日本比嘉照夫在1991年就著述了《农业与环保微生物》一书。书中认为，应用生物技术"如果调查出某一作物高产例子，就会发现不少（较过去化学技术）是平均产量的2倍和3倍"，原因是"有益菌能将有机物利用率由杂菌的20%～24%提高到了100%～200%"，"生物有机肥能将无机氮（钾）有机化"。

从实践上讲，2012年山西省新绛县白村黑湾泥莲菜专业合作社用有机肥传统技术667平方米产2000千克，符合清水莲菜专业合作社用生物有机肥667平方米产3000千克；而桥东村王文杰用生物集成技术667平方米产4000～4500千克，每根藕由传统技术的3～4节增长到7～8节。山西省新绛县宏彤有机小麦专业合作社用生物集成技术种植的复播小麦由667平方米产300～350千克，提高到600～650千克，产品被北京五洲恒通认证公司认定为有机小麦，价格由普通面粉3元/千克提高到20元/千克，以绛州香品牌富硒有机小麦面粉名份进入北京市场。2012年，侯马市乔村杨西山用生物集成技术正茬大穗小麦，每穗长100粒左右，667平方米产达826千克。而运城市2011年小麦平均667平方米产280.68千克。在山西省新绛县、河南省内黄县、甘肃省临洮县等地用生物技术种植玉米667平方米产量超1000千克。

此生物集成技术试验应用点，2012年6月6日经国务院《三农发展内参》主任董文奖、中国农科院研究员刘立新、梁鸣早视察认定为中国式有机农业，并通过山西科技系统已进入国家成果申报程序。研发在山西省运城市，应当首先见效在山西省及运城市。

近8年来，山西省新绛县以作者之一马新立组织的生物有机农业团队，立足应用生物集成技术产品，在全国各地所有省市（自治区）累计推广面积超600万公顷，各地（包括台湾两岸农业发展公司）应用反馈意见证明，在各种作物上应用产量均可提高0.5～2倍，田间几乎不考虑病虫害防治，产品味醇色艳。这项技术成果的推出，可解决农业可持续发展和食品质量安全供应问题。

应用实例：（1）河南省新民市大卫乡侯庄村侯怀成，2011年早春黄瓜选用巨丰29号品种，667平方米按鸡粪10方、牛粪6方，50%天然矿物钾100千克，复合生物菌液15千克，植物诱导剂50克，产瓜2万余千克，收入4.3万余元，较用化学技术产量提高1倍左右。

（2）湖南省常德市范家湾村吴卫支，2010年在菜田施复合生物菌液。田螺、虮蜂等害虫基本全死掉，虫害得到控制，蔬菜产量高，品质好，收入比别人提高0.8～1倍。

分析其障碍阻力有以下五个方面：

一是很多人对作物生育所需营养元素多的比例在认识上有误解。作物生长所需的三大元素是碳、氢、氧，早在20世纪70年代苏联专家出版的《植物营养与诊断》专著上就有说明，我国的教科书上也将碳、氢、氧排在前3位。而在目前的现实生产上，科技人员和广大农民，多数人都把眼光盯在植物体含量2.7%左右的氮、磷、钾作用上，忽略了含量95%左右的碳、氢、氧，主次倒置，自然作物产量受到限制。

二是对作物吸收产生营养物质有偏见。光合作用合成有机质及肥料的利用只占20%～24%，自然界及空气中的二氧化碳、氮气利用率不到1%，多数人不知道根系可以直接吸收土壤中的有机营养。特别是在复合有益生物菌的作用下，能将有机物利用率提高到100%～200%，为扩大型营养循环（见日本比嘉照夫著《拯救地球大变革》，1984年中国农业大学出版社出版），即有机肥全利用，并能吸收空气中和分解土壤中的营养，称为有机营养理论。这样就能使作物产量提高0.5～3倍。

三是不会利用集成技术。有机物质中的碳、氢、氧靠杂菌分解利用率低，洒上复合生物菌利用率高，有机质肥与益生菌互相作用，是作物健康生长的结合点。缺碳素物益生菌不能大量繁殖后代而发挥巨大作用；缺益生菌有机质不能充分分解和利用，效果亦差。

以上两者结合作物生长势强，但叶茎生长旺，易徒长，用植物诱导剂在作物叶面上喷洒或灌根，根系增加70%以上，光合强度提高0.5～4倍，植株抗热、抗寒、抗病、抗虫，能控制叶蔓生长，促进营养向果实积累，产量效果凸现。

以上三要素使作物的叶、蔓、根、花、果生长旺盛了，但长果实需要的大量元素是钾，多数地区土壤中的钾营养只能供应作物低产量需求，要应用有益菌分解有机质和植物诱导剂提高作物生长强度，使作物产量大幅度提高，就需较大量地补充钾元素，可按50%天然矿物硫酸钾100千克产鲜果实8000千克、产可全食叶菜1.6万千克的投入，才能使作物产量提高1～3倍。

在作物生长中难免因当地土壤质量、水质、气候、湿度等环境产生病、虫害使作物叶果染病，影响产量和质量。在叶面上喷洒植物修复素可激活作物体上沉睡的细胞，打破顶端生长优势，营养向中下部转移，愈合病虫害伤口，使果实丰满光滑，色泽鲜艳，含糖增加1～2度，面形漂亮，就达到了商品性状好、产量高、投入少、农业收入高的目的，并能保障食品质量安全从源头做起。这就是生物集成成果技术。笔者研究的这项成果2009年获河南省人民政府科技进步二等奖。2010年12月10日，该项成果被国家知识产权局登记为发明专利，2010年8月3日正式向全世界公布。

四是来自化学农资产业链的阻力。由于40余年的化学农业要转型为生物农业，过程中势必会影响到某些局部的短暂收益，也是变革中必然会经历的阵痛，但是，生物农业是不可阻挡的趋势，也是民心所向，有益于子孙后代的大好事，唯有顺应潮流，积极转型，才会不被时代所抛弃。

五是大多数人对生物农业技术不了解。因过去没把成果集成起来应用，效果不明显，难以推广开来，加之20世纪末化学农业仍有一定增产空间，所以粮食供应问题亦大。目前，面对日益严重的食品安全问题，从作物高产和食品优质两个层面上讲，大力推广生态生物集成技术的时机已经成熟。

故建议：（1）各级干部及群众需认真领会中共中央、国务院关于生物技术推广应用的政策精神，把农业经济翻番和食品安全生产供应放在依靠生态生物集成技术推广应用上。

（2）从认识上接受联合国粮食权利特别报告员奥利维德舒特在研究报告中肯定的意见："①生态农业将解决全球人的温饱问题；②生态农业有望实现全球粮食产量翻番；③生态生物技术提高产量胜过化肥，可提高79%以上。"

（3）深刻理解和实行日本比嘉照夫教授的理论：人类开发利用了复合生物菌，"地球人口增长到100亿，也不愁无食物可吃"。

（4）各级党政部门应大力组织宣传，应用生物集成技术发展生态生物农业，保障地方农业经济提前翻番和食品安全生产供应。

目前，山西省新绛县用生物技术生产的蔬菜、水果被太原晋祠国宾馆、北京中农信达高层食品供应部，澳门、香港、深圳的一所超市确定为长期供应产品。2008年至今，产品通过国内、外化验，符合国际有机食品标准，国内外差价达9～30倍。用该项集成技术生产的蔬菜供应香港已经5年，2012年香港回归15周年时，港府食卫局宣布，供港山西农产品（新绛有机蔬菜）合格率为99.999%，经过历炼，取得了认可。比如无刺黄瓜2010年12月20日，新绛为3元1千克，澳门为84元1千克。

综上所述，我们提出的中国式有机农业食品的生产方式，其产品在品质、风味方面与西方相同，而在产量水平上却比施用化肥的产量提高0.5～3倍，真可谓是好吃不贵。中国式有机农产品必将成为全世界普通百姓吃得起的安全食品，领航世界有机农业潮流可望又可及。

第一章

有机栽培技术流程及应用实例图说

第一节
栽培技术流程图说

一、茬口安排

用碳素有机肥＋生物菌液＋钾＋植物诱导剂＋植物修复素五大要素技术，在温室栽培西红柿，植株抗冻、抗热、抗虫、抗病等因素都考虑进去了，故随时都可下种。山西省新绛县多以一块地年生产两茬安排。周年主要安排四茬，即早春茬1～3月下种，5～6月结束；续越夏茬4～5月份育苗，9～10月份结束；越冬茬11月下种，翌年2～4月结束，续延秋茬7～9月份育苗，11月至翌年2月份结束，每茬667平方米都可产1万～2万千克，高者一年两作达3万～4万千克，同时可实现全年生产供应。

二、品种选择

用生物技术栽培西红柿，碳、钾元素充足，有益生物菌可平衡土壤和植物营养，打开植物次生代谢功

能，能将品种种性充分表达出来，不论什么品种，在什么区域都比过去用化肥、化学农药产量高，品质好，但就西红柿而言，还是以色列、荷兰优良品种为佳，可对接国际市场。

一般地，在一个区域就地生产销售，主要考虑所选地方市场习惯消费的品种，如形状、大小、色泽、口感等。

以色列飞天西红柿80种耐热抗旱、抗虫、抗TV病毒病、无限生长型、早熟、单果重180～240克、着色一致、果肩丰满、无皱无裂，适宜我国南方和中东国家人群消费，667平方米栽2200株左右。2010年，在山西省新绛县南王马村种植，当年高温、干旱，80%越夏栽培，虽然因黄化曲叶病毒感染影响了拔秧，但飞天品种全部丰收，667平方米产1万～1.4万千克，被超市认购。下图

为浇水过多、没有用植物诱导剂、节间过长，如果幼苗期和定植后用1～2次植物诱导剂800倍液，产量还可提高0.5～1倍。

1. 欧冠

耐热抗旱，高抗TV病毒病，中早熟，植株生长势强，果实圆球形，单果重180～220克，硬度好，可溶性固形物多，果耐贮耐运，适合中东国家人消费，连续坐果率强，按生物菌液＋有机肥＋植物诱导剂＋钾＋植物修复

素栽培，667平方米栽2200株左右，可产1.5万～2万千克，适合早春、秋延后及越冬栽培。

2. 以色列斯特粉妮

植株生长旺盛，无限生长，早熟，深粉红果，单个重200～300克，果色艳丽，圆球形，适宜秋延后、越冬和早春栽培，按有机生物技术栽培，667平方米栽2200株左右，一茬可产1.5万千克以上，供种者联系电话为13503574883。以色列斯特粉妮由以色列海泽拉种子公司培育。

3. 金鹏11号

植株生长旺盛，果实为粉红色，早熟果形扁圆，单果重200～350克，最大的为1000～

2000克，叶片较短，667平方米可栽2500～3000株，常规栽培留5～6穗果，生物技术抗根结线虫可留9～10穗果，可产1.5万～2万千克，西安市研制品种，供种者联系电话为13223699519。

4. 瑞士齐达利

植株生长旺盛，耐热抗旱，抗病，果实圆形，大红色，重200～300克，667平方米留2200株左右，用生物技术，越冬、早春、越夏延秋均可栽培。667平方米一茬可产2万千克，由瑞士先正达公司培育，赵小冬供种，联系电话为13100096511。

5. 荷兰百利

无限生长型品种，早熟，生长旺盛，坐果率高，丰产性好。耐热性强，在高温、高湿下也能正常坐果，适合于早秋、早春日光温室和大棚越夏栽培。果实大红色，微扁圆形，中型果，单果重200克左右，色泽鲜艳，口味佳，正常栽培条件下无裂纹、无青皮现象。土壤有机肥达20%以上，以牛粪、稻壳与生物菌为主，滴灌保持空间干燥，起垄、脱老

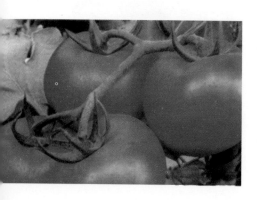

叶，留7～8穗果，每穗4～5果，一茬可产1.3万千克，一年两作可产2.6万千克。质地硬、耐运输，适合于出口和外运。抗烟草花叶病毒病、筋腐病、黄萎病和枯萎病。

6.荷兰曼西娜

该品种早熟，植株健壮，果实红色、鲜亮，单果重35克左右，果穗排列整齐，每穗留8～10个，可单果和整串采收。口味佳，适合春、秋保护地栽培。667平方米栽1800株，起垄定植，设滴灌，土壤中有机肥含量达20%以上（牛粪为佳，含碳增产，含小分子肽植株抗性强），配少量稻壳（含硅避虫），留7～8层果，667平方米产5000～8000千克左右，适合超市及宾馆选用。

7.荷兰爱娜

2月份育苗，4月份定植，6月份始收，周年落蔓生长667平方米栽2800株，留7～8穗果，每穗着果14～15个，果重20～30克，可产1万千克以上。

8. 荷兰劳斯特

无限生长型，中熟，耐寒。果扁圆、大红色，平均单果重200～230克，果硬耐运，行距为70～75厘米，株距为45～50厘米，每穗4～5果，株留5～12穗，按生物技术667平方米产2万千克左右。

口感佳，宜鲜食。圆球形，含糖度高，整齐一致，单果重15克左右。按有机肥+绛州绿生物菌+植物诱导剂+钾+植物修复素技术栽培，667平方米可产5000～8000千克，并为有机食品（厦门禾训种苗公司供种）。

10. 日本黄妃

果实鲜黄色或橘黄色，丰满，圆球形，亮丽，口感佳，低酸味，糖度高，平均单果重15克左右，每穗结10～15果。按生物技术667

9. 日本红妃

无限生长型，双秆整枝，667平方米栽2000株。果实大红色或橘黄色，鲜艳，

平方米可产6000～10000
千克。

11. 荷兰普罗旺斯

大红色，基因系统粉
红果，连续坐果率强，果

重250～300克，每穗留4～
5果，一大茬栽培可留13穗
果，667平方米栽2400株左
右，平均单株产量15千克，
用生物技术667平方米可产
1.5万～2万千克，果实含固
形物多，耐贮运，适合保护
地早春、延秋及越冬栽培。

12. 荷兰鲜冠王

无限生长，果实大小均
匀，单果重220～260克，高
扁圆，大红色，坚实耐运，
口味甜，品质佳。667平方
米栽2400～2800株，株距为

40～50厘米，行距为60～80厘米，单秆整枝，可留8～13穗果，每穗4～5果，用生物技术667平方米可产1.5万～2万千克，适合各地各种茬口栽培。

13. 香蕉西红柿（黄、红）

果实长8厘米左右，直径2～3厘米，果形像小辣椒。每穗分3～4枝，每枝5～6果，每果10～15克，667平方

米栽2400株，留6～8层果，产果6000千克左右，口感软面，甘甜，似香蕉味。

14. 春桃红西红柿

16. 以色列五彩西红柿

15. 黑紫姬西红柿

17. 美国绿宝石樱桃西红柿

19. 以色列紫圣女西红柿

18. 中国台湾小仙红西红柿

20. 黄橄榄西红柿

三、五大创新整合技术要素

1.碳素生物有机肥

（1）碳素生物有机肥的投入计算

玉米干秸秆按每千克供产叶菜10千克，瓜果菜5～6千克投入；牛粪、鸡粪按每千克供产叶菜类6千克，瓜类菜3千克投入。黄瓜田鸡粪不超过10立方米，其他瓜果类蔬菜不超过5立方米，经堆积混合沤制，施用前2～10天按每667平方米田用肥量喷洒浇施2～3千克绛州绿生物菌液分解，使之碳素黑质化。不用生物菌分解，有机肥中碳、氢、氧利用率只有20%～24%；用生物菌分解有机营养利用率可提高到150%～200%（可从空气中吸收和从土壤中分解养分，并扩大菌群量及作用）。

（2）碳素有机肥的堆积

用玉米秸秆覆盖鸡粪，保护鸡粪中的氮素营养，不致大量释放到空气中，又

能促使秸秆黑质化，因秸秆中碳素分解需吸收鸡粪中的氮，粪肥中的氮碳比达1：30～1：90，利于蔬菜高产、优质。

（3）秸秆铡揉机

该机适用于棉花秆、玉米秆、高粱秆、麦草、稻草、树皮、葡萄藤和大豆秆

等各种农作物秸秆的切碎揉搓加工。该产品可将各种农作物秸秆切碎揉搓至30～50厘米，揉搓率达93%，执行标准为NY/T 509-2002，应用于秸秆还田，与恒伟达生物菌、植物诱导剂、钾结合，每千克干秸秆可产瓜果菜5～6千克，整株可食蔬菜10千克以上。洛阳市宇灿农机公司（13849940067）生产秸秆铡揉机，山西朔州市兴农机械（13363496789）也生产秸秆铡揉机。

2. 生物菌

生物菌由豆汁、红糖、加恒伟达有益菌制成，为有机农产品准用物资。高密度菌每克含80多种菌，总数达300亿～500亿；①土壤中有大量的有益复合菌，能平衡土壤和植物营养，可减轻生理，真、细菌引起的各种病害；②可替代杂、病菌占领生态位，作物

土壤中的矿物营养。第一次667平方米施用2千克，之后一次1千克。生物菌与天然矿物硫酸钾交替施用为佳。

（1）生物菌液态剂

恒伟达公司的绛州绿复合生物菌由豆汁、土豆汁、红糖营养汁，放入原种（每克含量为300亿～500亿），

生长快速、健康；③能分解有机肥中的粗纤维，避免生虫；④能使成虫不产生脱壳素而窒息死亡，能化卵；⑤能打开植物次生代谢功能，抗病增产，原品种风味凸显；⑥能使碳、氢、氧、氮以菌丝残体形态被植物根系直接吸收利用，使光合作用在杂菌环境下利用有机物率的20%～24%，提高到100%～200%，即可吸收空气中的氮含量79.1%和二氧化碳，含量300～330毫克/千克，分解

扩繁后每克有效活性菌达0.5亿~20亿以上。667平方米随水冲入2~20千克，即可达到净地，分解有机粪，供植物平衡生长。同时可沤制1万千克左右的有机碳素肥。另外，每吨高密度原液可沤制生物有机肥60吨左右。

（2）固体生物有机肥

每克含量2000万~2亿以上，每袋40千克，秸秆还田或施入有机畜禽粪肥，667平方米需施入200~240千克，可分解667平方米单位面积田间施入的有机物，营养几乎可被作物完全利用。

3. 钾肥

（1）纯天然矿质钾肥

钾是作物生长的六大营养元素之一，具有作物品质元素和抗逆元素之称。红牛牌硫酸钾肥、硫酸钾镁肥属于天然矿质类型，不掺杂任何成分，高品质、含量足，特别是硫酸钾镁，内含作

物生长发育中必需的钾、镁、硫元素，被誉为作物的"黄金稼"。钾肥特别适用于蔬菜、瓜果等高效

有机生产应用。

将摩天硫酸钾肥、硫酸钾镁肥施入各类作物田间，能显著提高产品的品质，增强作物的抗旱、抗寒、抗热害能力，增产效果显著。红牛牌硫酸钾肥含氧化钾50%，每100千克可供产瓜果类菜7000～8000千克，产叶类菜1.2万～1.5万千克，由北京中农亚太国际贸易有限公司经销。另外，新疆罗布泊硫酸钾含量51%，也属于天然矿质高含量硫酸钾。

（2）赛众28钾肥

赛众28钾肥属矿物制剂，为有机农产品生产准用物资，含速效钾8%，缓效钾12%，可膨果壮秆；含硅42%，可避虫；含有20多种微量元素和10多种稀土元素，能开启植物次生代谢功能，为土壤和植物保健肥料。一般地，基施25千克，

中后期追施50～75千克，也可用浸出液在作物叶面上喷洒，对提高产品和品质效果尤佳，所产西红柿果实在常温下可放40天左右。

4. 植物诱导剂

植物诱导剂为有机农产品生产准用物资。在植物上沾上该剂能增加根系70%以上，提高光合强度0.5～4倍，可起到前期控秧促根，后期控蔓促果，使作物抗热、抗冻、抗病、抗虫性大大提高。667平方米用50克

原粉，用500克开水冲开，放24~60小时，兑水60千克，比如在茄子4~6叶时全株喷一次；在定植后按800倍液再喷一次，如果早中期植物有些徒长，节长叶大，就用650倍液再喷一次。

5. 植物修复素

植物修复素属矿物制剂，为有机农产品生产准用物资。植物沾上该剂，能激活叶片沉睡的细胞，打破顶端生长优势，使营养往下部果实转移，能愈合叶片及果

实上的虫伤、病伤，使蔬菜外观丰满、漂亮，含糖度增加1.5~2度。

在结果期每粒6克兑水10~15千克，叶面喷洒即可，如果发现病虫害和生

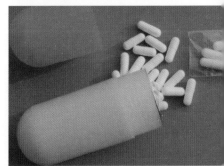

理病症，加入50～100克绛州绿复合生物菌液，效果更佳。

四、管理技术

1. 秸秆还田、起垄、滴灌

不论干湿秸秆，粉碎与

表层土壤结合，洒上绛州绿生物菌液生物菌既可利用碳素物，又不怕地下生虫、作物生病。

起垄保持作物根系不被水泡沤根，保持土壤透气性良好。

滴灌节水，减少空气湿度，防止湿大植株徒长，诱根深扎，这样根系多果大，产量高。

2. 播种育苗

将碳素有机基质装入营养钵内，或用牛粪拌风化煤或草碳拌做成基质，浇入生物菌液，每667平方米苗床用2千克，在幼苗期往叶面喷一

次1200倍液的植物诱导剂，即可保证根系无病发达，又可及早预防病毒病和真、细菌病害，使植株抗热、抗冻、抗虫。

将营养土装入营养钵。种籽用55℃热水浸种，边倒水边搅拌，到30℃时浸泡3～4小时，捞出用干净沙布包住，放置20～30℃处催芽，有70%"露白"后，播入营养钵土中。营养土不施化肥和生鸡粪，浇灌绛州绿生物菌1000倍液，上覆1.5厘米透气性好的沙细土，覆盖小棚塑料膜即可。

与营养钵育苗。

3. 幼苗喷植物诱导剂

在幼苗4～5叶时，取植物诱导剂粉50克，用500克开水冲开，放24～48小时，兑水60～75千克，叶面喷洒，控制秧苗徒长，提高秧苗抗热、抗冻性，可从根本上解决病毒病的发生及发展。

下图为植物诱导剂喷施

4. 徒长秧处理

往叶面喷800～1200倍液的植物诱导剂可控制秧蔓生长，即取50克原粉，用500克开水冲开，放24～56个小时，兑水50千克，在室温达20～25℃时叶面喷洒，不仅可控秧徒长，还可防止病毒、真菌、细菌病危害，提

高叶面光合强度0.5～4倍，增加根系数目70%以上。上图为温高湿大引起黄瓜旺长。

5. 选苗整地栽秧

6. 合理稀植

有机西红柿栽培要保持田间通风，透光良好，行株距为90厘米×40厘米，宽行为1～1.2米，667平方米栽1800～2000株，两行一畦，畦边略高，秧苗栽在畦边高处。

下图为2010年11月3日，摄于中国杨凌台湾美庭两岸农业有限公司有机蔬菜基地。

7. 用植物诱导剂灌根

取植物诱导剂原粉，用开水冲开，放24～48个小时，按800倍液兑水，装入喷雾器，打足气，将喷雾旋盖打开，对准作物根部，每株放出20克左右药液，即可起到控秧促果、植株抗热、抗病、抗冻作用。

8. 平衡施肥

按667平方米产果实2万千克投有机肥，干秸秆施4000～5000千克（含碳45%），每千克可供产果实5～6千克；或牛粪、鸡粪（含碳22%左右）各4000～5000千克，每千克可供产果实2.5～3千克，或干秸秆拌牛粪或鸡粪各3000～4000千克，为碳素满足。绛州绿复合生物菌液2千克或恒伟达生物有机肥200千克，分解有机肥中碳素等营养。在缺钾的土壤中基施25千克含量50%矿物钾、无机钾与生物有机肥结合酸根解掉，成为生物有机钾。

9. 伤根缓苗

用营养钵育苗者，定植时将营养土冲掉，适当伤根1/3，阳畦育苗者，在定植前10～15天切方移位，适当

调节能力强，抗逆性强，产量高。

刨穴深20厘米左右，将土埋至原苗圈时根茎迹上方2~3厘米，待缓苗后逐步将周围的土覆盖至地平。

11. 覆盖地膜

保持地温和地下水分，控制空气湿度、抑制杂草。

伤根系，以打开植物次生代谢功能。适当伤根缓苗的西红柿苗根系生长快、抗逆性强、产品风味浓。

10. 适当深栽

西红柿茎自生根力强，即茎部可分生出4排根系，深栽根系总数多，植株营养

12. 控秧吊蔓

采用植物诱导剂800倍液或植物修复素每粒兑水15千克叶面喷洒；土壤表面及空气适度保持干燥；后半夜的夜温不要超过12度等措施控秧，使株高在1.7米左右时，着有10～12穗果，每穗3～4果，重750克左右，667平方米栽2300～2400株，即每茬可产2万千克左右。另外，在株高40厘米时，将吊绳下头拴在植株茎基部向上引蔓。

13. 滴灌浇水

在西红柿田每行设一滴灌管，每株茎基部设一猫眼。在田间将碳素有机肥和绛州绿复合生物菌施足。在叶面喷洒植物诱导剂，植株抗旱、抗冻、抗热的情况就较好。在结果期，通过灌管浇水一次施入绛州绿生物菌液2千克，另一次施入50%天然硫酸钾24千克，空气湿度小，利于西红柿深扎根，授粉坐果和果实膨大，着色一致漂亮。

14. 喷花保果

在西红柿花有部分开放，多数为花蕾期时，按700

洒，使茎叶间距保持在10～14厘米。下图为标准要求，即穗与穗果实紧凑，5厘米间距为好。

倍液绛州绿复合生物菌液或氨基酸液，在花序上喷一下，使花蕾柱头伸长伸出，因柱头四周紧靠花粉囊，只要柱头伸长，即可授粉坐果，比用24-D抹花效果灵验多了。但有一个前提是，在苗期用过植物诱导剂者，根系发达，叶面光合强度大，植株不徒长（上图为授粉受精正常花序）。

穗果间距过长，需早期打植物诱导剂控秧。

15. 控秧留穗

一般大型果，每穗留4～5果；小型果留8～16果；在不考虑后茬定植的情况下，可留13～16穗果，用植物诱导剂800倍液或植物修复素，每粒兑水14千克，叶面喷

16. 疏花疏果

基施碳素肥充足，一茬目标产量在2万千克左右，可留9～14穗果，大型果（每颗在250克左右），每穗留4～6果，小型果（每颗果在150克以下），留6～16果。667平方米栽2000株以下，适当多留1～2穗；否则，少留果，有效商品果多而丰满，并在结果期注重施矿物硫酸钾和复合生物菌液促果，果层与果层间距在5厘米左右为好。

长势强，果实丰满产量高。下图本穗果实多达11个，重2.2千克。

下图为前期缺钾引起的秆弱凋蔓，所以在施足有机基肥的情况下，667平方米施赛众28硅钾肥或50%天然硫酸钾20千克左右，可保证茎秆粗壮，能托起丰硕的果实。

17. 前期缺钾引起的秆弱凋蔓

按生物技术栽培西红柿，营养利用率高，作物生

18. 缺钾引起秆细果小

基施50%天然硫酸钾25千克，结果期每次浇水冲施20～25千克，按667平方米产茄果2.5万千克，共需施入钾250千克左右，每施一次硫酸钾，下次冲施1次复合生物菌液，即可促进钾吸收利用。

20. 中耕松土

用锄疏松表土，在破板5厘米土缝后，可保持土壤水分，叫锄头底下有水；促进表土中有益菌活动，分解有机质肥，叫锄头底下有肥；保持土

19. 自然催红

一是提高白天室温到30℃左右，使作物自身产生较多乙烯催红。二是适当伤害下部叶片，摘掉老叶，打开植物次生代谢功能催果红、膨果，增加果实原有风味。

壤水分，减少水蒸气带走温度，叫锄头底下有温；适当伤根，可打开和促进作物次生代谢，提高植物免疫力和生长势，增产突出。

21. 打杈

幼苗在6叶一心前不打杈，促其地上与地下平衡生长，增加根系数量。着果初期及时摘掉腋芽，芽长不过寸，有利于营养向果实流移，促长深根，提高果实产量。

需留果9～13穗。那么，在3～5穗果间，留2～3个腋芽，每个腋芽长2～3穗果摘头，可重复留果穗，即可达到每株12～13穗果，又叫换头整枝。

22. 整枝留果

一般植株生长到1.7～1.8米，可长5～6穗果，而667平方米要产2万千克，

23. 温度管理

白天室温控制在20～32℃，20℃以下不通风；前

半夜17～18℃，覆盖草苫后20分钟测试温度，低于此温度早放草苫，高于此温度迟放草苫；后半夜9～11℃，过高通风降温，过低保护温度；昼夜温差18～20℃，利于积累营养，产量高，果实丰满。

24. 粪肥害死秧

667平方米施鸡粪、猪粪超10方，其中的氨气、甲醇、二甲醇等在高温和杂菌

夜温过高引起西红柿叶厚肥大，产量低

正常秧

的作用下，使植物根系出现反渗透而脱水枯死，故这类粪需用绛州绿复合生物菌液沤制15～20天；牛粪、秸秆可直接入田，667平方米冲入绛州绿复合生物菌液2千克，不会出现死秧。

25. 保果防裂

高温期（高于35℃），或低温期（低于5℃）钙素移

动性很差，易出现大脐果，如果在此时用24-D沾花，极易发生露籽破皮裂果。

防止办法：在叶面喷绛州绿复合生物菌300倍液加植物修复素（每粒兑水15千克）修复果面，或取食母生片30粒兑15千克水叶面喷洒，平衡植物体营养，供给钙素或过磷酸钙（含钙40%）泡米醋300倍浸出液，叶面喷洒补钙。左上图为高温干旱缺钙用24-D沾花过重引起的裂西红柿果。

26. 僵秧处理

土壤内肥料充足，在杂菌的作用下，只能利用20%～24%，西红柿叶小、上卷，看上去僵硬，生长不良。

处理办法：在有机碳素充足的情况下，定植后第一次施绛州绿复合生物菌液2千克，以后每次1千克，可从空气中吸收氮和二氧化碳，分

解有机肥中的其他元素，每隔一次施入50%的天然硫酸钾25千克，就能改变现状，取得高产优质西红柿。上图为土壤缺绛州绿生物菌，西红柿快僵化。

27. 浇施生物菌，毛细根生长快

土壤浓度大于8000毫克/千克，温度高于37°C，土壤中杂菌多，根系生长慢，667平方米冲施生物菌2千克，第二天就会长出粗壮的毛细根，植株会挺拔生长。浇施绛州绿复合生物菌液后，西红柿毛细根粗壮，生长快。

28. 积水引起死秧

西红柿根系易吸水、不耐涝，积水超过48小时，根系就会窒息衰败。因此，将秧定植在高垄上，选择高燥地块，增施透气性有机肥，如稻草、

稻壳、牛粪、甘蔗渣等，及早冲入生物菌液，叶面喷植物诱导剂，可提高根系质密度和抗逆及调节能力。

29. 虫害防治

① 常用绛州绿复合生物菌液，害虫沾着生物菌后自身不能产生脱壳素会窒息死亡，并能解臭化卵；② 用叶面喷洒植物修复素愈合伤口；③ 在田间施含硅肥避虫，如稻壳灰、赛众28等；④ 室内挂黄板诱杀，棚南设防虫网；⑤ 用麦麸2.5千克，炒香，拌敌百虫、醋、糖各500克，傍晚分几堆，下垫塑料膜，放在田间地头诱杀地下害虫。下图为虫伤引起西红柿果斑点。

30. 病害防治

① 营养土中用绛州绿复合生物菌液浇灌除氨气；② 育苗钵不用化学肥料和鸡粪；③ 每次浇水，667平方米施绛州绿复合生物菌液2千克。下图为营养钵氨害引起根腐烂。

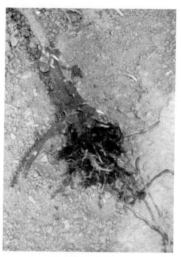

31. 黄化曲叶病毒病的防治

症状：生长点发黄，叶皱，发硬，根系不长或生长很慢，直至死秧毁种。

防治方法：①幼苗期在根茎维管叶面喷1200倍液的植物诱导剂，可增强植物抗热性和根抗病毒病；②定植的667平方米冲施生物菌2千克，平衡营养，化虫；③注重施秸秆、牛粪，少量鸡粪，不施氮磷化肥；④叶面喷植物修复素或田间施赛众28肥或稻壳肥，利用其中的硅元素避虫；⑤选用以色列耐热耐肥抗病毒病品种；⑥挂黄板诱杀虫和防虫网；⑦遮阳降温防干旱。定植后染病症状见下图。

生长中期染病症状见下图。

32. 生理病症处理

下图为氮过多缺碳、钾造成的画面果。

生物有机栽培和化学物质栽培的效果差异明显，图为生物技术栽培西红柿。

土壤浓度过大，遇高温根枯秆空。

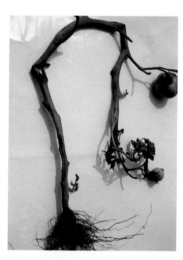

用植物诱导剂灌根，株壮节短，花蕾饱满。

合理稀植，植株开展度大。

如果土壤浓度过大，矮化不长，浇绛州绿复合生物菌1～3天，新叶就会发黄，开始生长。

33. 根结线虫防治

根结线虫又称蔬菜癌症，是由于施生鸡粪等禽类肥和化肥过多引起的土壤恶化，造成的植株根系生理障碍，用化学农药防治根结线虫每667平方米投资500～600元，维持时间只有2～3个月，而且会使土壤更为恶化。

用生物菌平衡土壤和植物营养，停施化肥和化学农药，注重施秸秆和牛粪，可改变作物根基环境。益生菌能抑制病菌，不仅能增强作物抗病性，使其不宜染病，而且投入成本低，产量高，还可使品质达到有机食品的要求。

2011年3月，陕西省植保学会新农药推广中心的时春奎研究员与惠浩浩、张永生（029-87091781）等，在杨凌示范区李台乡西魏点村和北湾西村黄瓜、番茄田试验，用生物菌（内含益生菌每克20亿，同时含专杀根结线虫的淡紫青霉素每克20亿）防治根结线虫情况是：黄瓜品种为津春4号，番茄品种为金棚1号；试验对象为南方根结线虫；时间为2011年1月18日；定植前，土壤喷入生物菌5千毫升兑水50升，根结线虫减退60.7%，防效达66.8%；定植时用生物菌液兑水50升沾根，根结线虫减退78.2%，防效达84.5%；定植后亩生物菌液4800毫升，兑水50升，茎叶上喷入，根结线虫减退89.9%，防效达93.9%。试验证明，对黄瓜、番茄生长安全，无不良影响。另外，施玉米粉20千克、麦麸10千克、谷糠30千克，混合后用生物菌剂或酵素菌有益微生物发酵的有机肥一次，主要是化解虫卵，效果也佳。

34. 收购及包装标准

中国境内、中国香港地区及中东国家收购标准：果形圆、丰满，含水量少，切开无滴水，大红色，带果萼，单果重150～220克。用

蜡纸包裹，泡沫箱包装，预冷后外运。

五、设施介绍

1. 鸟翼形矮后墙长后坡生态温室

跨度8.2～9米（包括后墙底厚1米），高度3米（不包括地平面以下40～50厘米），后墙高1.6米，后屋深1.6米（后坡梁长2.2～2.4米，高18～20厘米，宽13厘米，预制件立柱内设4根直径为0.5厘米的冷拉丝，高3.4米，如果地平面栽培床深40厘米，还应增长40厘米）。前沿（南边）内切角33°～50°，方位正南偏西7°～9°，长度为70～80厘

3.钢架竹木结构拱棚

米，墙厚1米。在北纬40°以南越冬种植各类蔬菜，均能获得高额产量，冬至前后室内夜温达12℃左右， 白天达30℃。此温室2011年2月18日被国家知识产权局认定为专利——一种长后坡矮北墙日光温室。

4.两头砌墙钢架结构大棚

2.温室筑墙

5.预制立柱竹竿结构拱棚

6. 组装式钢架大棚

第二节　应用实例图说

1. 杨小才种植温室早春欧盾西红柿667平方米产1.96万千克

山西省新绛县东南董杨小才，温室早春茬西红柿选用秘鲁圣尼斯产欧盾品种，粉红果，单果重220克左右。2010年1月下种育苗，2月下旬栽，667平方米栽2800株，按有机碳素肥（鸡、牛粪+秸秆5000千克）+绛州绿复合生物菌液6千克+植物修复素2粒+赛众28调理肥75千克50%硫酸钾50千克，冲施沼液3次，叶面喷施清沼液5次，西红柿秧一生几乎无病虫危害，4月中旬上市。前面两图为5月18日长势，留6穗果，用生物技术管理单果重达350克左右，每穗留3～4果。株产7千克，667平方米产果19600千克，果实累累，丰满漂亮，系有机食品。

2. 董占军用生物技术种植越夏西红柿667平方米产2万千克

山西省襄汾县黄崖村董占军等多数村民，于2009年冬学到了生物技术种植方法。2010年，夏秋茬西红柿选用以色列1420品种，按667平方米施玉米干秸秆4000千克或鸡、牛粪各4000千克，植物诱导剂50克，按800倍液灌根，1200倍液叶面喷洒，田间冲施绛州绿复合生物菌液，第一次2千克，以后每次施1千克，一茬共用15～20千克。每隔一次浇水冲施25～30千克50%硫酸钾，共需150千克左右。8月上旬下种，10月中旬上市，留12～13穗果，在当年黄化曲叶病毒大量蔓延的情况下，大面积667平方米产西红柿达2万千克左右。

3. 胡如意用生物技术种植秋茬西红柿667平方米产2万千克

北京市顺义区顺安路15号、中国人民解放军某部胡如意，2009年秋茬西红柿按"有机碳素肥+生物菌+植物诱导剂+钾+植物修复素=有

机蔬菜技术"管理，667平方米产果2万千克。

4. 纪满仓用生物技术种植春西红柿4层果667平方米产1.1万千克

河北省任丘县纪满仓2011年春季，选用绿享109西红柿品种，粉色，667平方米栽2200株。施含水量40%

鸡粪3500千克，牛粪3000千克，50%硫酸钾100千克，定植时用800倍液的植物诱导剂灌根一次，西红柿秧一生没病虫害。第一次随浇水冲入绛州绿复合生物菌液3千克，以后每隔施一次钾肥后冲生物菌液2千克，留4层果，每株产量5千克左右，大的一穗产果重3千克，667平方米产优质西红柿1.1万千克。2012年有机肥和钾肥投入提高1倍，留8～9穗果，667平方米达2万千克。

5. 段永奎用生物技术温室早春种植欧冠番茄5层果667平方米产1.73万千克

山西省新绛县北杜坞段永奎，2010年2月10日种植美国欧冠番茄，420平方米栽1960株。前茬施牛、鸡混合粪肥10方（1万千克），田间分3次施赛众28硅钾肥150千克，生物菌液分4次冲入8千克，天然矿物硫酸钾分三次冲入75千克，基施山西恒伟达生物科技有限公司生产的生物有机肥240千克，免耕，没用化学杀菌剂，施黄腐酸钾20千克，苗期用植物诱导剂25克，用500克开水冲开，兑水20千克叶面喷洒。5月20日始收，7月份结束，每株平均5穗，每穗5果，每果200～320克，平均260克，穗产1.3千克，株产5.59千克，总产1.09万千克，折合667平方米产1.73万千克。

6. 光立虎种植以色列金石王子延秋茬西红柿667平方米产1.5万千克

以色列金石王子西红柿品种生产势强，大红色，每穗5～6果，每果120～140克，用有机碳素肥＋生物菌液＋钾做基质，用植物诱导剂灌根或叶面喷洒控秧促果，每果可达200～350克。果实膨大期喷植物修复素，果面光亮，无伤痕，甜度增加1.5～2度。2009年，山西省新绛县西行庄光立虎越冬茬种植，

667平方米产果1.5万千克。

7. 段占友用生物技术种植西红柿667平方米产2万千克

山西省新绛县北杜坞村段占友，早春温室西红柿选用西班牙印帝安品种，按有机栽培五要素管理，使种性优势充分发挥，每株留果13穗，每果由130克增大到250～300克，667平方米产果达2.058万千克。2010年3月28日～4月3日，农林卫视做了核产推广报道。

8. 卫俊明用生物技术种植荷兰百利西红柿果实丰满色艳

山西省新绛县北杜坞村

卫俊明温室越冬西红柿选用荷兰百利品种，2009年11月上旬下种。2010年，667平方米栽植3000株，按有机碳素肥+绛州绿复合生物菌液+植物诱导剂+钾+植物修复素技术种植。2010年4月下旬结束，产果1.6万千克。

9. 范吉庆用生物技术种植千禧樱桃西红柿1300平方米收入10万元

2010年，山东省济南市济宁县范家庄范吉庆，在早春温室种植千禧樱桃西红

柿，667平方米施牛粪7方与6000平方米地的小麦秸秆，栽2700株，定植时667平方米冲施生物菌2千克，以后每次1千克，与三元素钾肥交替施入，经营1300平方米共用生物菌液30千克；植物诱导剂1200倍液，叶面喷洒，共用100克；植物修复剂每粒兑水14千克，共用4粒。

产西红柿2.5万千克，收入10.2万元，比邻地用化肥、农药增产70%以上。果形果色好看，食味甘甜，田间几乎没发生过病虫害。

10.赵小怀用生物技术栽培红圣女西红柿艳丽宜人

2010年3月，山西省新绛县南行庄赵小怀在温室内用生物技术，即有机碳素肥＋植物诱导剂＋生物菌液＋钾＋植物修复素技术栽培红圣女西红柿，每穗13～20果，株留13穗，单果重17～25克，单株产3.8千克，667平方米栽2600株，产量9100千克，较过去用化肥、农药增产1倍左右。

11. 李明用生物技术栽培日本黄妃西红柿丰满亮丽

2010年3月，山西省新绛县南王马村李明在温室内用生物技术，即有机碳素肥+生物菌液+钾+植物修复素等栽培的黄妃大西红柿，每穗着果6～8个，每果150～220克，留7穗，株产8千克左右，栽2600株。667平方米产9000千克，果实丰满、光亮，含糖度提高1.5%～2%。

培黑色小西红柿，按生物有机技术管理果丰色艳，果黑圆球形，单果重有20克、50克、100克、150克之分，20克每穗着果16个，50克每穗12个，100克每穗8个，150克每穗6个，株留7穗果，该果富含黑色素、宜生食，667平方米栽2600株，一般2000～4000千克，用牛粪+生物菌液+植物诱导剂+钾+植物修复素栽培，667平方米产0.9万千克以上（厦门禾诚种植公司供种，联系电话为0592-5037488）。

12. 彭杰用生物技术栽培日本黑妃西红柿果丰色艳

山西省新绛县南王村彭杰，2010年春在温室内栽

13. 袁燕春在两膜一苫内用生物技术种植小西红柿667平方米产8000千克

2010年早春，陕西省澄城县赵庄镇辛庄村袁燕春在早春两膜一苫拱棚内种植小西红柿，品种为圣玛利203（北京四季青昌盛公司供种），11月初下种，元月份定植，3月份上市，5月份结束，667平方米栽2200株，施猪粪6立方，生物菌液3千克，50%硫酸钾100千克，生物有机肥80千克，产小西红柿8000千克，收入2.6万余元。

14. 程根生用生物技术种植西红柿667平方米产1.5万千克，收入3.3万元

山西省长治市城区五一路跃进巷70号程根生，2010年种植大棚西红柿600平方米，选用天津普罗斯旺公司生产的普罗王子品种，在施足碳素有机肥的情况下，追施含量50%钾100千克，叶面喷植物诱导剂50克植物修复素5粒，生物菌液15千克随水分6次冲入。果大，一生无甚病虫害。另667平方米产8000千克拉秧，按生物技术产15000千克，秧子仍好，产量收入较

用化肥农药要好。

15. 邢新光两膜一苫以色列3951西红柿667平方米产1.55万千克

山西省新绛县白村邢新光2010年种植以色列3951西红柿，该品种耐热、抗病毒病，果实为大红色，丰满一致，含固形物多，适宜国际市场流通消费，667平方米栽

2000株左右。2010年，在山西省新绛县南王马村越夏栽培，667平方米施牛粪5000千克，生物菌液3千克，植物诱导剂50克，50%硫酸钾100千克，10月份下种，11月下旬起栽，3月前后上市，按以上生物技术操作，667平方米产1.55万千克。

16. 史德贤用生物技术种植西红柿三层果产7000千克，收入3.9万元

山西省曲沃县东街史德贤2012年早春大棚西红柿选

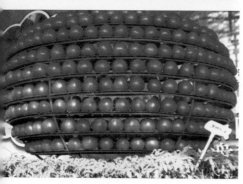

用浙粉702品种，定植时用植物诱导剂喷洒1次，667平方米冲入生物菌液2千克，施牛粪、鸡粪各2500千克，到4月20日，三层果产西红柿7000千克，每千克平均价为5.6元，已收入3.9万元。较用化学技术种植的西红柿个儿大1～2倍，无病虫害，植株后劲尚足。

17. 董留青用生物技术种植早春拱棚西红柿一茬667平方米产1.3万千克

山东省明县荆台集村董留青，2009年以来，在早春拱棚内667平方米施牛粪8方，合5000千克左右，鸭粪3方，合1500千克，留5～6穗果，蔓高1.2米左右，施生物菌液7.5千克，51%硫酸钾100千克，植物诱导剂100克（叶面喷洒），连年667平方米产西红柿1.3万千克左右，共种2700平方米，年西红柿一茬收入10万元左右。

18. 刘苏赞用生物技术生产日本838西红柿个头儿增大1～3倍

植株生长健壮，无限生长，不耐涝、抗热，果实大红色，不甚裂果，含固形物多，果实切不开流水，味沙甘、皮薄、无硬心，果实一般大80～100克；用生物技

术可长到280～350克，甜度提高1.5～2度，尤其是南方10～12月份栽培，果实比说明增大增产1～3倍。上页右下图为用生物技术生产的西红柿，果大达300克左右。上图为用化学技术生产的西红柿，果大只有70～100克。2011年11月2日，摄于广东省台山市森江公司农场。

19. 汤昊温室早春西红柿用生物技术667平方米产1.82万千克

江苏省徐州市汤昊，2012年早春在温室里选用圣尼斯产欧冠西红柿品种，粉红果，单果重260克左右，667平方米栽2400株，施玉米干秸秆2000千克，鸭粪2000千克（提前20天用生物菌分解），牛粪3000千克，90%硫酸钾25千克，磷酸二氢钾30千克（结果期冲施），植物诱导剂100克，植物修复素3粒。留果5～6层，第一层产果3000千克，第二层以上每层产果3800～4000千克，即每穗着果5～6个，平均产果重1.6千克，大者一穗着果9个，重3千克，平均每株产量8千克，667平方米产1.82万千克。

20. 蔺冠文用生物技术种植春西红柿较用化学技术增产1.8倍

山西省新绛县光村蔺冠文，2012年首次建起温室种植春茬西红柿，667平方米

用生物集成技术生产的果实丰满色艳

用化学技术管理的西红柿植株长势

施牛粪1.2万千克，鸡粪3000千克、赛众28硅钾肥25千克（基施）、生物菌液分4次冲入8千克，施山西恒伟达生物有机肥公司生产的生物有机肥80千克，50%天然矿物硫酸钾150千克结果期分6次施入，留6穗果，层果均匀，植株生长后劲旺，果实丰满，一层产果5600千克，667平方米产果1.4万千克，较邻地用化学技术产0.5万千克，增产1.8倍。左上图为用生物技术种植的西红柿，植株长势好，果实均匀。左下图为用化学技术管理的西红柿，植株长势差，果少而不均，色泽不艳。

21. 光奎儿用生物集成技术田间土壤好果丰

2013年1月4日，晋南发生极端低温，地面温度达−15.9℃，温室越冬西红柿普遍受冻害。山西新绛县西

行庄光奎儿用生物集成技术种植西红柿，田间土壤营养有效成分高，果丰，下部叶因低温缺钙有干枯症状，上部叶较完好（上图）。而对照另一种植户段炎龙（下图）用化学技术种植，西红柿果小，叶子全干枯，已改种西葫芦。

表1-1所示为中国农科院微生物室博士孙建光到山西省新绛县西红柿田考察时取样化验报告。

表1-1 生物集成技术与化学技术种植西红柿取样化验结果比较（2013年2月2日）

项目 地块	有机质 (g/kg)	碱解氮 (mg/kg)	有效磷 (mg/kg)	速效钾 (mg/kg)	有效钙 (mg/kg)	有效镁 (mg/kg)	pH值	固氮酶活物 (nmol/kg鲜 土d12h)
光奎儿 （生物集 成技术）	23.30	80.85	133.80	442.10	480.00	79.60	6.43	624.95
段炎龙 （化学 技术）	14.85	45.70	78.20	275.10	69.00	350.00	6.77	0

第二章

科学依据

第一节　有机蔬菜生产的十二平衡

一、有机蔬菜生产四大发现

一是把"农业八字宪法"改为十二平衡；二是把作物生长的三大元素氮、磷、钾改为碳、氢、氧；三是把作物高产主靠阳光改为主靠复合益生菌；四是把琴弦式温室改为鸟翼形生态温室。

二、有机农产品概念

在生产加工过程中不施任何化肥、化学农药、生长刺激素、饲料添加剂和转基因物品，其所产物为有机食品。

三、有机蔬菜生产的十二平衡

有机蔬菜生产的十二平衡即：土、肥、水、种、密、光、温、菌、气、地上与地下、营养生长与生殖生长、环境设施平衡。

1. 土壤平衡

常见的土壤有四种类型：一是腐败菌型土壤。过去注重施化肥和鸡粪的地块，90%都属腐败型土壤，其土中含镰孢霉腐败菌比例占15%以上。土壤养分失衡恶化，物理性差，易产生蛆虫及病虫害。20世纪90年代至现在，特别是在保护地内这类土壤在增多。处理办法是持续冲施绛州绿有益生物菌液和施恒伟达生物有机肥。

二是净菌型土壤。有机质粪肥施用量很少，土壤富集抗生素类微生物，如青霉素、木霉素和链霉菌等，粉状菌中镰孢霉病菌只有5%左右。土壤中极少发生虫害，作物很少发生病害，土壤团粒结构较好，透气性差，但作物生长不活跃，产量上不去。20世纪60年代前后，我国这类土壤较为普遍。改良办法为施秸秆、牛粪生物菌等。

三是发酵菌型土壤。乳酸菌、酵母菌等发酵型微生物占优势的土壤富含曲霉真菌等有益菌，施入新鲜粪肥与这些菌结合会产生酸香味。镰孢霉病菌抑制在5%以下。土壤疏松，无机矿物养分可溶度高，富含氨基酸、糖类、维生素及活性物质，可促进作物生长。

四是合成菌型土壤。光合细菌、海藻菌以及固氮菌合成型的微生物群占土壤优势位置，再施入海藻、鱼粉、蟹壳等角质产物，与牛粪、秸秆等透气性好，含碳、氢、氧丰富物结合，能增加有益菌，即放线菌繁殖数量，占主导地位的有益菌能在土壤中定居，并稳定持续发挥作用，既能防止土壤恶化变异，又能控制作物病虫害，产品优质高产，并属于有机食品。

2. 肥料平衡

17种营养物质的作用：碳（主长果实）、氢（活跃根系，增强吸收营养能力）、氧（抑杂菌，作物抗病）、氮（主长叶片）、磷（增加根系数目与花芽分化）、钾（长果抗病）、镁（增叶色，提高光合强度）、硫（增甜）、钙（增硬度）、硼（果实丰满）、锰（抑菌抗病）、锌（内生生长素）、氯（增纤维抗倒伏）、钼（抗旱，20世纪50年代，新西兰因一年长期干旱，牧草矮小不堪，濒临干枯，牛羊饿死无数，在牧场中奇怪地发现有一条1米宽、翠绿浓郁的绿草带，经考察，原来牧场上方有一钼矿，矿工回来所穿鞋底沾有钼矿粉，所踩之处牧草亭亭玉立，长势顽强）、铜（抑菌杀菌，刺激生长，增皮厚度，叶片增绿，避虫）、硅（避虫）、铁（增加叶色）。

3. 水分平衡

不要把水分只看成是水或氢二氧一，各地的地下水、河水营养成分不同，有些地方的水中含钙、磷丰富，不需要再施这类肥；有些地方的水中含有机质丰富，特别是冲积河水；有些水中含有益菌多，不能死搬硬套不考虑水中的营养去施肥，比如茄子喜水，在土壤持水量为60%左右、空气温度在70%～85%的环境中生长较好。

4. 种子平衡

不要太注重品种的抗病虫害与植物的抗逆性。应着重考虑选择品种的形状、色泽、大小、口味和当地人的消费习惯，就能高产、高效。生态环境决定生命种子的抗逆性和长势，这就是技术物资创新引起的种子观念的变化。

有益菌能改变作物品种种性，能发挥种性原本的增长潜力。绛州绿复合生物菌液由20多种属、80多种微生物组成，能起到解毒消毒的作用，使土壤中的亚硝基、亚硝基胺、硫化氢、胱氨等毒性降解，使作物厌肥性得到解除，增强植物细胞的活性，使有机营养不会浪费，并能吸收空气中的养分，使营养的循环利用率增加到200%。植物不必耗能去与毒素对抗而影响生长，并能充分发挥自我基因的生长发育能力，产量就会大幅提高。

5. 稀植平衡

土壤瘠薄以多栽苗求产量，有机生物集成技术合理稀植方能高产、优质。如过去西红柿667平方米栽3000株左右，现在是1800～2200株；有些更稀，合理稀植产量比过去合理密植产量高1～2倍。

6. 光能平衡

万物生长靠太阳光，阴雨天光合作用弱，作物不生长。现代科学认为此提法不全面。植物沾着植物诱导剂能提高光利用率的0.5～4倍，弱光下也能生长。有益菌可将植物营养调整平衡，连续阴天根系也不会太萎缩，天晴不闪秧，庄稼不会大减产。茄子适宜光照强度范围宽，在1万～8万勒环境中均能生长，但以4万～6万勒效果为好。

7. 温度平衡

大多数作物要求光合作用温度为20～32℃（白天），前半夜营养运转温度为17～18℃，后半夜植物休息温度为10℃左右。唯西葫芦白天要求20～25℃，晚上要求6～8℃，不按此规律管理，要么产量上不去，要么植株徒长。番茄后半夜开花授粉温度为10～11℃，膨果期温度为7～9℃。

8. 菌平衡

作物病害由菌引起是肯定的，但是菌就会染病是不对的。致病菌是腐败菌，修生菌是有益菌。长期施用有益菌液，可平衡土壤和植物营养，可化虫卵。凡是植株病害就是土壤和植物营养不平衡，缺素就染病菌，营养平衡利于有益菌发生、发展。有益菌液含芽孢杆菌、酵素菌、乳酸菌、解磷菌、固氮菌等七大菌群，每克含菌数达20亿以上。其中，芽孢杆菌、固氮菌是非豆科内生和根际土壤内固氮的主要微生物菌剂；解磷菌是为作物供应磷素的主力菌；酵素菌是发酵分解有机物秸秆或粪，为植物可利用的无机碳源以及作物可以直接吸收利用的小分子有机养分，类似于组培营养基的小的有机分子化合物的主力菌。

9. 气体平衡

二氧化碳是作物生长的气体面包，增产幅度达0.8~1倍。过去在硫酸中投碳酸氢铵产生二氧化碳，投一点，增产一点。现在冲入有益菌液去分解碳素物，量大浓度高，还能持续供给作物营养，大气中含二氧化碳量330毫克/千克，有益菌也能摄取利用。

10. 地上部与地下部平衡

过去，苗期切方移位"囤"苗，定植后控制浇水"蹲"苗，促进根系发达。现在苗期叶面喷一次1200~1500倍液的植物诱导剂，地上不徒长，不易染病；定植后按600~800倍液灌根一次，地下部增加根系0.7~1倍，地上部秧矮促果大。

11. 营养生长与生殖生长平衡

过去追求根深叶茂好庄稼，现在是矮化栽培产量、质量高。用植物修复素叶面喷洒，每粒兑水14~15千克，能打破作物顶端优势，营养往下转移，控制营养生长，促进生殖生长，果实着色一致，口味佳，含糖度提高1.5~2度。

12. 环境设施平衡

2009年11月10日，我国北方普降大雪，厚度达40~50厘米。据笔者调查，山西省太原市1.2万个琴弦式温室被雪压垮，山西省阳泉市平定是80%的山东式超大棚温室被雪压塌，山西省介休市霜古乡现代农业公司，48栋10米跨度、高4.5米的琴弦式温室内所植各种蔬菜及秧苗全部受冻毁种。

辽宁省台安县、河北省固安县、河南省内黄县、山西省新绛县（5万余栋）鸟翼形长后坡矮后墙生态温室（该温室1996年获山西省农技承包技术推广一等奖，山西省标准化温室一等奖，新绛县被列为全国标准化温室示范县）完好无损，秧苗无大损伤。近几年，以上地域利用此温室，按有机碳素肥+绛州绿生物菌+植物诱导剂+钾技术，茄子、黄瓜667平方米产2.5万千克，西红柿产1.5万～2万千克，效果尤佳。

（1）琴弦式温室压垮原因分析：一是棚面呈折形，积雪不能自然滑落，棚南沿上方承受压力过重导致温室的骨架被压垮；二是折形棚面在"冬至"前后与太阳光大致呈直线射进，直光进入温室量大，但散射光及长波光是产生热能的光源，而直射光主要是短波光照，在棚面很少产生热能，只能是照在室内地面反光后变成长波光才生产热能，棚面温度低易使雪凝结聚集在上方而导致温室被压塌。

（2）超大棚温室压垮和秧苗受冻原因分析：一是跨度过大，即棚面呈抛物线拱形，坡度小，中上部积雪不能自然下滑至地面，多积聚在南沿以上处，温室骨架被积雪压坏；二是棚面与地面空间过高，达4.5～5米，地面温度升到顶部对溶雪滑雪影响力不大；三是多数人追求南沿温室内高，人工操作方便致使钢架拱度过大，坡度太小，不利滑雪；四是温室内空间大降温快、升温慢，溶雪期间气温低，室内秧苗易受低温冻害毁种。

（3）鸟翼形生态温室抗灾保秧分析：鸟翼形温室的横切面呈鸟的翅膀形，南沿较平缓，雪可自然下滑至地面；半地下式系栽培床低于地平面40厘米，秧苗根茎部温度略高；空间矮，地面温度可作用到棚顶，使雪融化下滑；因后屋深，跨度较小，白天吸热升温快，晚上室内温度较高，生态温室即"冬至"前后，太阳出来后室内白天气温达30℃左右，前半夜为18℃，后半夜为12℃左右，适宜各种喜温性蔬菜越冬生长的昼夜作息温度规律要求，亦可做延秋茬继早春茬两作蔬菜栽培。温室抗压，可保秧苗安全生长。如果在夜间下雪，只要在草苫上覆一层膜，雪就可自然滑下。

鸟翼形生态温室具有以下特点：

①棚面为弧圆形，总长9.6米，上弦用直径3.2厘米粗的厚皮

鸟翼形长后坡矮北墙日光温室立柱与后屋脊梁连接处造型
（本温室设计2011年获国家知识产权局实用技术专利）

管材，下弦和W型减力筋为11毫米的圆钢，间距为15～24厘米焊接，坚固耐用；②跨度为7.2～8.8米，土壤利用效益好，栽培床宽7.25～8.25米；③后屋深1.5～1.6米，坡梁水泥预制长2.15～2.8米，高20厘米，厚12厘米，内设4根冷拉钢丝，冬季室内贮温保温性好；④后墙较矮，高1.6米左右，立柱水泥预制，宽、厚12厘米，高4～4.4米，包括栽培床地面以下40厘米，棚面仰角大，受光面亦大；⑤土墙厚度。机械挖压部分，下端宽4.5米，上端宽1.5米；人工打墙部分，下端厚1～1.3米，上端厚0.8～1米，坚固，不怕雨雪，冬暖夏凉；⑥顶高3.1～3.4米，空间小，抗压力性强，栽培床上无支柱，室内作物进入光合作用快，便于机械耕作；⑦前沿内切角度为

30°～32°，"冬至"前后散射光进入量大，升温快，棚上降雪可自动滑下；⑧方位正南偏西5°～9°，光合作用时间长。可避免正南方位的温室，早上有光温度低，下午适温期西墙挡阳光，均不利于延长作物光合作用时间和营养积累的弊端；⑨长度为74～94米，便于山墙吸热放热保秧、耕作和管理。建议各级领导及广大农民不要片面追求高大宽温室，要讲究安全、高产、优质、高效的设施和低投入、简操作的生产方式。

鸟翼形半地下式生态温室667平方米造价估算：

棚钢架　选直径3.2厘米粗的管材，下弦与W型减力筋用直径1.2厘米的线材，按跨度7.2米设计，需架长9米，每根做成价126元。间距3.6米，667平方米棚长80米，需钢架22个，合计2772元。

钢丝　直径2.6毫米的钢丝需150千克，合计750元。

棚膜　10丝厚的膜需100千克左右，每千克15元，合计1500元。

竹竿　粗头4厘米直径，每根4元；细头2厘米直径，每根2元，各需110根，合计660元。

草苫　稻草苫宽1.2米，厚4～5厘米，长9米，667平方米用80卷，每卷30～40元，合计3200元。

绳　塑料绳长18米，粗1.5厘米，每根4元，160根合计640元。

细钢丝　1.5～1.6毫米钢丝30千克，每千克5.5元，合计165元，固竹竿棚架钢丝用。

预制件立柱　长4米，中间设5根2.2毫米直径的冷拉钢丝，宽厚为12厘米×6.5厘米，24元/根，需33根合计792元。后坡梁长2米，内置6根4毫米直径的冷拉丝，宽厚为7厘米×15厘米，每根16～32元，需33根，预制件合计1320～1848元。

压膜线　1卷100元。

垒山墙　放地锚，后坡上土700元。

其他　建筑工资2560元。机械挖壕3000～6000元，人工打墙1200元。上卷苫机4000元。装自动调温器500元。安装自动卷帘遥控器500元。

（原载北京《蔬菜》2010年第2期）

第二节　有机蔬菜生产的五大要素

一、五大要素

碳素有机肥（牛粪、秸秆或少量鸡粪，每吨35～60元）＋绛州绿生物菌液（每千克25元）＋钾（含量51%每50千克200元）＋植物诱导剂（每50克25元）＋植物修复素（每粒5～8元）＝有机食品技术。

（1）决定作物高产的营养是碳、氢、氧，占植物干物质的95%左右。碳素有机质即干秸秆，含碳45%，牛、鸡粪含碳20%～25%，饼肥含碳40%，腐植酸有机肥含30%～50%的碳。碳素物在自然杂菌的作用下只能利用20%～24%，属营养缩小型利用，而在生物菌的作用下利用率达100%。有机碳素肥与绛州绿生物菌结合能给益生物繁殖后代提供大量营养，每6～10分钟繁殖一代，其后代可从空气中吸收二氧化碳（含量为330毫克/千克）、氮气（含量为79.1%），能从土壤中分解矿物营养，属营养扩大型利用，可提高到150%～200%。所以，碳素有机肥必须与生物菌结合，才能发挥巨大的增产作用。

（2）生物菌可平衡植物体营养，改善作物根际环境，根系发达。作物根与土壤接触，首先遇到的是根际土壤杂菌，用很大的能量与杂病菌抗争，生长自然差。在生物菌与碳素有机肥的根际环境下，根系生长尤其旺盛，可将种性充分发挥出来。经试验，根可增加1倍，果实可增大1倍，产量亦可增多1倍以上。另外，生物菌能将碳、氢、氧等元素以菌丝体形态通过根系直接进入植物体，是光合作用利用有机物的3倍。

（3）钾是长果壮秆的第二大重要元素。长果壮秆的第一大元素是碳，除青海、新疆部分地区的土壤含钾丰富外，多数地区要追求高产，需补钾。按国际公认，每千克钾可长鲜瓜果94～170千克，长全株可食鲜菜244千克左右，长小麦、玉米干籽粒33千克。缺钾地区补钾，产量就能大幅提高。

以上三要素是解决作物生长的外界因素，即营养环境问题，而以下两个要素则是解决内在因素问题。

（1）植物诱导剂可充分发挥植物生物学特性。可提高光合强度0.5～4倍，增加根系0.7～1倍，能激活植物叶片沉睡的细胞，控制茎秆徒长，使植物体抗冻、抗热、抗病虫害。作物不易染病，就能充分发挥作物种性内在免疫及增产作用。该产品系中药制剂，667平方米用50克植物诱导剂，500克开水冲开，放24小时，兑水40～60千克灌根或叶面喷洒。

（2）植物修复素能挖掘出植物基因特性，可愈合病虫害伤口，2天见效，果实甜度可增加1.5～2度，打破了植物顶端优势，使产品漂亮、可口。

二、有机农产品基础必需物资——碳素有机肥

影响现代农业高产优质的营养短板是占植物体95%左右的碳、氢、氧（作物生长的三大元素是碳、氢、氧，占植物体干物质的96%；不是氮、磷、钾，它们只占3%以下）。碳、氢、氧有机营养主要存在于植物残体，即秸秆、农产品加工下脚料，如酿酒渣、糖

渣、果汁渣、豆饼和动物粪便等，这些东西在自然界是有限的。而风化煤、草碳等就成了作物高产、优质碳素营养的重要来源之一。

1. 有机质碳素营养粪肥

每千克碳素可长20～24千克新生植物体，如韭菜、菠菜、芹菜；苘子白减去30%～40%外叶，心球可产14～16千克；黄瓜、西红柿、茄子、西葫芦可产果实12～16千克，叶蔓占8～12千克。

碳素是什么，是碳水化合物，是碳氢物，是动、植物有机体，如秸秆等。干玉米秸秆中含碳45%，那么，1千克秸秆可生成韭菜、菠菜等叶类菜10.8千克（24×45%），可长苘子白、白菜7.56千克（24×45%×70%，去除了30%的外叶），可长茄子、黄瓜、西红柿、西葫芦等瓜果7.58千克（24×45%×70%，去除了30%的叶蔓）。碳素可以多施，与生物菌混施不会造成肥害。

饼肥中含碳40%左右，其碳生成新生果实与秸秆差不多，牛粪、鸡粪中含碳均达25%，羊粪中含碳16%。

（1）牛粪。667平方米施5000千克牛粪含碳素1250千克，可供产果菜7500千克，再加上2500千克鸡粪中的碳素含量625千克，可供产果菜3750千克。总碳可供产西葫芦、黄瓜、西红柿、茄子果实1万千克左右；那么，可供产叶类菜2万千克左右。

（2）鸡粪。鸡粪中含碳也是25%左右，含氮1.63%，含磷1.5%，667平方米施鸡粪1万千克，可供碳素2500千克，然后这些碳素可产瓜果2500千克×6=15000千克。但是，这会导致667平方米氮素达到163千克，超过667平方米合理含氮19千克的8倍；磷150千克，超标准要求15千克的10倍，肥害成灾，结果是作物病害重，越种越难种，高质量肥投入反而产量上不去。

谭秋林用生物有机钾肥种植草莓667平方米收入4.5万元。河北省石家庄市栾城县柳林屯乡范台村谭秋林，2008年在温室里种植草莓667平方米，施鸡粪8方，用有益生物菌分解，结果期追施俄罗斯50%硫酸钾30千克，产草莓2250千克，每千克售价20元。到2009年3月10日，出现干边症，每次浇水追施生物菌液2千克解症。建议今后施鸡粪、牛粪各4方，产量更高。结果期在叶面喷施植物修复素1～2次，着色及甜度更佳。

（3）秸秆。秸秆中的碳为什么能壮秆、厚叶、膨果呢？

一是含碳秸秆本身就是一个配比合理的营养复合体，固态碳通过绛州绿复合生物菌液生物分解能转化成气态碳，即二氧化碳，利用率占24%，可将空气中的一般浓度300～330毫克/千克提高到800毫克/千克，而满足作物所需的浓度为1200毫升/千克，太阳出来1小时后，室内一般只有80毫克/千克，缺额很大。秸秆中含碳95%被绛州绿复合生物菌液分解直接组装到新生植物和果实上。再是秸秆本身含碳氮比为80：1，一般土壤中含碳氮比为8：1～10：1，满足作物生长的碳氮比为30：1～80：1，碳氮比对果实增产的比例是1：1。显然，碳素需求量很大，土壤中又严重缺碳。化肥中碳营养极其少，甚至无碳，为此，作物高产施碳素秸秆肥显得十分重要。二是秸秆中含氧高达45%。氧是促进钾吸收的气体元素，而钾又是膨果壮茎的主要元素。再是秸秆中含氢6%，氢是促进根系发达和钙、硼、铜吸收的元素，这两种气体是壮秧抗病的主要元素。三是按生物动力学而言，果实含水分90%～95%，1千克干物质秸秆可供长鲜果秆是10～12千克，植物遗体是招引微生物的载体，微生物具有解磷释钾固氮的作用，还能携带16种营养，并能穿透新生植物的生命物，系平衡土壤营养和植物营养的生命之源。秸秆还能保持土温，透气，降盐碱害，其产生的碳酸还能提高矿物质的溶解度，防止土壤浓度大灼伤根系，抑菌抑虫，提高植物的抗逆性。所以，秸秆加菌液，增产没商量。

其用法为：将秸秆切成5～10厘米段，撒施在田间，与耕作层土35厘米左右内充分拌匀，浇水，使秸秆充分吸透水，定植前15天或栽苗后，随浇定植水冲入绛州绿复合生物菌液2千克左右。冲生物菌时不要用消毒自来水，不随之冲化学农药和化肥，天热时在晚上浇，天冷时在20℃以上时浇，有条件的可提前3～5天将绛州绿复合生物菌液2千克拌和6～16千克麦麸和谷壳，定植时将壳带菌冲入田间，效果更好。也可以提前1～2个月，将鸡粪、牛粪、秸秆拌合和沤制，施前15天撒入绛州绿复合生物菌。

2. 恒伟达生物有机肥对作物有七大作用

（1）胡敏酸对植物生长的刺激作用。腐植酸中含胡敏酸38%，用氢氧化钠可使胡敏酸生成胡敏酸钠盐和铵盐，施入农田能刺激植物根系发育，增加根系的数目和长度。根多而长，植物就耐旱、耐寒、抗病，生长旺盛。作物又有深根系主长果实，浅根系主长叶蔓的特性，故发达的根系是决定作物丰产的基础。

（2）胡敏酸对磷素的保护作用。磷是植物生长的中量元素之一，是决定根系的多少和花芽分化的主要元素。磷素是以磷酸的形式供植物吸收的，目前一般的当季利用率只有15%～20%，大量的磷素被水分稀释后失去酸性，被土壤固定，失去被利用的功效，只有同绛州绿复合生物菌液或EM地力旺生物菌液结合，穴施或条施才能持效。腐植酸肥中的胡敏酸与磷酸结合，不仅能保持有效磷的持效性，而且能分解无效磷，提高磷素的利用率。无机肥料过磷酸钙施入田间极易氧化失去酸性而失效，利用率只有15%左右。腐植酸有机肥与磷肥结合，利用率提高1～3倍，达30%～45%，每667平方米施50千克腐植酸肥拌磷肥，相当于100～120千克过磷酸钙。肥效能均衡供应，使作物根多、蕾多、果实大、籽粒饱满，味道好。

（3）提高氮碳比的增产作用。作物高产所需要的氮碳比例为

1：30，增产幅度为1：1。近年来，人们不注重碳素有机肥投入，化肥投量过大，氮碳比仅有1：10左右，严重制约着作物产量。腐植酸肥中含碳为45%～58%，增施腐植酸肥，作物增产幅度达15%～58%。2008年，山西省新绛县孝义坊村万青龙，将红薯秧用植物诱导剂800倍液沾根，栽在施有50%的腐植酸肥的土地上，一株红薯长到51千克。由此证明，碳氮比例拉大到80：1，产量亦高。

（4）增加植物的吸氧能力。恒伟达生物有机肥是一种生理中性抗硬产品，与一般硬水结合一昼夜不会产生絮凝沉淀，能使土壤保持足氧态。因为根系在土壤19%含氧状态下生长最佳，有利于氧化酸活动，可增强水分营养的运转速度，提高光合强度，增加产量。腐植酸肥含氧31%～39%。施入田间时可疏松土壤，贮氧吸氧及氧交换能力强。所以，腐植酸肥又被称为呼吸肥料和解碱化盐肥料，足氧环境可抑制病害发生、发展。

（5）提高肥效作用。恒伟达生物有机肥生产采用新技术，使多种有效成分共存于同一体系中，多种微量元素含量在10%左右，活性腐植酸有机质53%左右。大量试验证明，综合微肥的功效比无机物至少高5倍，而叶面喷施比土施利用率更高。腐植酸肥含络合物10%以上，叶面或根施都是多功能的，能提高叶绿素含量，尤其是难溶微量元素发生螯合反应后，易被植物吸收，提高肥料的利用率。所以，腐植酸肥还是解磷固氮释钾肥料。

（6）提高植物的抗虫抗病作用。恒伟达生物有机肥中含芳香核、羧基、甲氧基和羟基等有机活性基因，对虫有抑制作用，特别是对地蛆、蚜虫等害虫有避忌作用，并有杀菌、除草作用。腐植酸肥中的黄腐酸本身有抑制病菌的作用，若与农药混用，将发挥增效缓释能力。对土传菌引起的植物根腐死株，施此肥可杀菌防病，也是生产有机绿色产品和无土栽培的廉价基质。

（7）改善农产品品质的作用。钾素是决定产量和质量的中量元素之一。土壤中的钾存在于长石、云母等矿物晶格中，不溶于水，含这类无效钾为10%左右，经风化可转化10%的缓性有效钾，速效钾只占全钾量的1%～2%，经腐植酸有机肥结合可使全钾以速效钾形态释放出80%～90%，土壤营养全，病害轻。腐植酸肥中含镁量丰富。镁能促进叶面光合强度，植物必然生长旺，产品含糖度高，口感好。腐植酸肥对植物的抗旱、抗寒等抗逆作用，对微量元素的增效作用，对病虫害的防治和忌避作用，以及对农作物生育的促进作用，最终表现为改进产品品质和提高产量。生育期注重施该肥，产品可达到出口有机食品标准要求。

目前河南省生产的"抗旱剂一号"，新疆生产的"旱地龙"，北京生产的"黄腐酸盐"，河北省生产的"绿丰95"、"农家宝"，美国产的"高美施"等均系同类产品，且均用于叶面喷施。叶用是根用的一种辅助方式，它不能代替根用。腐植酸有机肥是目前我国唯一的根施高效价廉的专利产品。山西省新绛县恒伟达生物农业科技有限公司（0359-7698888，13703594428）生产的绛州绿生物菌肥利用以上七大优点，增添了有益菌、钾等营养平衡物与作物必需的大量元素，生产出一种平衡土壤营养的复合有机肥，通过在各种作物上作为基肥使用，增产幅度为15%～54%，投入产出比达1∶9。如与生物菌、钾、植物诱导剂结合，可使产量提高0.5～3倍。

（8）建议应用方法。腐植酸即风化煤产品30%～50%+鸡、牛粪或豆饼各15%～30%，每60～100吨有机碳素肥用绛州绿或EM生物菌液1吨处理后做基肥使用，并配合天然矿物钾或50%硫酸钾，按每千克供产叶菜150千克，产果瓜菜80千克，产干籽粒，如水稻、小麦、玉米0.8千克投入（这3个外因条件必须配合）。另外，每

667平方米用植物诱导剂50克，按800倍液拌种或叶面喷洒、灌根，来增强作物抗热、抗冻、冻病性，提高叶片的光合强度，控秧蔓防徒长，增根膨果。用植物修复素来打破植物生长顶端优势，营养往下部果实中转移，提高果实含糖度1.5～2度，打破沉睡的叶片细胞，提高产品和品质效果明显。

有机农产品出口日本、韩国、俄罗斯及中东国家，在中国香港、澳门等地也备受欢迎。

（9）应用实例。2010年，河南省开封市尉氏县寺前刘村刘建民，按牛粪、绛州绿生物有机肥压碱保苗，植物诱导剂控秧促根防冻，有益菌发酵腐植酸肥，增施钾膨果、植物修复素增甜增色，蔬菜漂亮，应用这套技术，拱棚西红柿增产0.5～1倍。

2010年，山西省新绛县北古交村黄庆丰，温室茄子用碳素肥+生物菌+钾+植物诱导剂，667平方米一茬产茄果2万千克，收入4万元左右。

三、有机农产品生产主导必需物资——壮根生物菌液

食品从数量、质量上保证市场供应，是民生和"三农"经济低投入、高产出的注目点。利用整合技术成果发展有机农业已成为当今时代的潮流。笔者总结的"碳素有机肥（如秸秆、畜禽粪、腐植酸肥等）+生物菌液+天然矿物硫酸钾+植物诱导剂+植物修复素等技术=农作物产量翻番和有机食品"，2010年，山西省新绛县立虎有机蔬菜专业合作社在该县西行庄、南张、南王马、西南董、北杜坞、黄崖村推广应用，西红柿一年两作667平方米产3万～4万千克。

其中，生物菌液在其中起主导作用，该产品活性益生菌含量高、活跃，其应用好处有：①能改善土壤生态环境，根系免于杂、

病菌抗争生长，故顺畅而发育粗壮，栽秧后第二天见效。②能将畜禽粪中的三甲醇、硫醇、甲硫醇、硫化氢、氨气等对作物根叶有害的毒素转化为单糖、多糖、有机酸、乙醇等对作物有益的营养物质。这些物质在蛋白裂解酶的作用下，能把蛋白类转化为胨态、肽态可溶性物，供植物生长利用，产品属有机食品。避免有害毒素伤根伤叶，作物不会染病死秧。③能平衡土壤和植物营养，不易发生植物缺素性病害，栽培管理中几乎不考虑病害防治。④土壤中或植物体沾上生物菌液，就能充分打开植物二次代谢功能，将品种原有的特殊风味释放出来，品质返璞归真，而化肥是闭合植物二次代谢功能之物质，故作用产品风味差。⑤能使害虫不能产生脱壳素，用后虫会窒息而死，减少危害，故管理中虫害很少，几乎不大考虑虫害防治。⑥能将土壤有机肥中的碳、氢、氧、氮等营养以菌丝残体的有机营养形态供作物根系直接吸收，是光合作用利用有机质和生长速度的3倍，即有机物在自然杂菌条件下的利用率20%～24%，可提高到100%，产量也就能大幅度增加。⑦能大量吸收空气中的二氧化碳（含量为330毫克/千克）和氮（含量为79.1%），只要有机碳素肥充足，绛州绿复合生物菌液撒在有机肥上，就能以有机肥中的营养为食物，大量繁殖后代（每6～20分钟生产一代），便能从空气中吸收大量作物生长所需的营养，由自然杂菌吸收量不足1%提高到3%～6%，也就满足了作物生长对氮素的需求，基本不考虑再施化学氮肥。⑧绛州绿生物菌液能从土壤和有机肥中分解各种矿物元素，在土壤缺钾时，除补充一定数量的钾外（按每50%天然矿物硫酸钾100千克，供产鲜瓜果8000千克、供产粮食800千克投入，未将有机肥及土壤中原有的钾考虑进去），其他营养元素就不必考虑再补充了。⑨据中国农科院研究员刘立新研究，生物菌分解有机肥可产生黄酮、氢肟酸类、皂苷、酚类、有机酸等是杀杂、病菌物质。分解产生胡桃酸、香豆素、羟基肟酸能抑草杀草。其产物有葫芦素、卤化萜、生物碱、非蛋白氨基酸、生氰糖苷、环聚肽等物，具有对虫害的抑制和毒死作用。⑩能分解作物上和土壤中的残毒及超标重金属，作物和田间常用复合生物菌液或用此菌生产的有机肥，产品能达到有机食品标准的要求。2008—2010年，山西省新绛县用此技术生产的蔬菜供应深圳与香港、澳门地区及中东国家，在国内外化验全部合格。⑪梅雨时节或多雨区域，作物上用复合生物菌液，根系遇连阴天不会大萎缩，太阳出来也就不会闪苗凋谢死秧，可增强作物的抗冻、抗热、抗逆性，与植物诱导剂（早期用）和植物修复素（中后期可用）结合施用，真、细菌病害，病毒病不会对作物造成大威胁，还可控秧促根，控蔓促果，提高光合强度，促使产品丰满甘甜。⑫田间常冲生物菌液，能改善土壤理化性质，化解病虫害的诱源，防止作物根癌（根结线虫）发生发展。⑬盐碱地是缺有机质碳素物和生物菌所致，将二者拌和施入作物根下，就能长庄稼，再加入少量矿物钾，3个外因能满足作物高产优质所需的大量营养，加上在苗期用植物诱导剂，中后期用植物修复素增强内因功能，作物就可以实现优质高产了。

理论和实践均证明，农业上应用生物技术成果的时机已经到来，综合说明生物菌液是有机农产品生产的主导必要物资，能量作用是巨大的，哪里引爆，哪里就有收获。

四、土壤保健瑰宝——赛众28钾硅肥调理

赛众28钾硅肥调理是一种集调理土壤生物系统和物质生态营养环境于一身的矿物制剂，已经北京五洲恒通认证公司认定为有机农产品准用物资。

其主要营养成分是：含硅42%，施入田间可起到避虫作用；含

天然矿物速效钾8%，起膨果壮秆作用；含镁3%，能提高叶片的光合强度；含钼对作物起抗旱作用；含铜、锰可提高作物抗病性；含多种微量和稀土元素可净化土壤和作物根际环境，招引益生菌，从而吸附空气中的养分，且能打开植物次生代谢功能，使作物果实生长速度加快，细胞空隙缩小，产品质地密集，含糖度提高，上架期及保存期延长，能将品种特殊风味素和化感素释放出来，达到有机食品标准的要求。

防治各种作物病的具体用法：

作物发生根腐病、巴拿马病。根据植株大小施赛众28肥料若干，病情严重的可加大用量，将肥料均匀撒在田间后深翻，施肥后如果干旱，就适量浇水。

作物发生枯萎病。在播种前结合整地667平方米施赛众肥料50～75千克，病害较重田块要加大肥量25千克，苗期后在叶面连续喷施赛众28肥液5～8次即可防病。

作物遭受冻害、寒害。发现受害症状，立即用赛众28浸出液喷施在叶面或全株，连续5次以上，可使受害的农作物减轻危害，尽快恢复生长。

作物发生流胶病。在没有发病的幼苗施赛众28肥料可避免病害发生。已发病作物，根据发病程度和苗情一般667平方米施20千克左右，若发病重，则适当增施。

作物发生小叶、黄叶病。每667平方米田间施25千克赛众28肥料，大秧和发病重的增至40千克，同时叶面喷施赛众28肥液，每5天喷1次，连续喷施5次以上。

防治重茬障碍病。瓜、菜类作物根据重茬年限在（播）栽前结合整地，667平方米施赛众28肥料25～50千克，同时用赛众28拌种剂拌种或肥泥蘸种苗移栽。补栽时每个栽植坑用肥少许，撒在挖出的土和坑底搅匀，再用赛众28拌种剂肥泥蘸根栽植。

腐烂病防治。在全园撒施赛众28肥料的基础上，用1份肥料与3份土混合制成的肥泥覆盖病斑，用有色塑膜包扎即可。

农作物遭受除草剂或药害后的解救法。发现受害株后立即用赛众28肥料浸出液喷施受害作物，5天喷1次，连续喷洒5～7次即可，能使作物恢复正常生长。在叶面上喷植物修复素也可解除除草剂药害。

叶面喷洒配制方法。5千克赛众肥料＋水＋食醋，置于非金属容器里浸泡3天，每天搅动2～3次，取清液再加25千克清水即可喷施。一次投肥可连续浸提5～8次，以后加同量水和醋，最后把肥渣施入田间。浸出液可与酸性物质配合使用。

五、提高有机农作物产量的物质——植物诱导剂

植物诱导剂是由多种有特异功能的植物体整合而成的生物制剂，作物沾上植物诱导剂能使植物抗热、抗病、抗寒、抗虫、抗涝、抗低温弱光，防徒长，作物高产、优质等，是有机食品生产准用投入物（2009年4月4日被北京五洲恒通有限公司认证，编号为GB/T 19630.1—2005）。

据内蒙古万野食品有限公司2007年2月28日化验，叶面喷过植物诱导剂的番茄果实中含红色素达6.1～7.75毫克/100克，较对照组3.97～4.42毫克/100克增加了58%～75.3%（红色素系抗癌、增强人体免疫力的活力素）。所以，植物诱导剂喷洒在作物叶片上就可增加番茄红色素2～3倍。同时，番茄挂果成果多，可减少土壤中的亚硝酸盐含量，只有22～30毫克/千克，比国家标准40毫克/千克含量也降低了许多，同时食品中的亚硝酸盐含量也降低了许多。另据甘肃省兰州市榆中绿农业科技发展公司2000年12月

21日化验，黄瓜用过植物诱导剂后，其叶片净光合速率是对照组的3.63～5.31倍。

植物诱导剂被作物接触，光合强度增加50%～91%（国家GPT技术测定），细胞活跃量提高30%左右，半休眠性细胞减少20%～30%，从而使作物超量吸氧，提高氧利用率达1～3倍，这样就可减少氮肥投入，同时再配合施用生物菌吸收空气中的氮和有机肥中的氮，基本可满足80%左右的氮供应，如果667平方米有机肥施量超过10方，鸡、牛粪各5方以上，在生长期每隔一次随浇水冲入绛州绿生物菌液1～2千克，就可满足作物对钾以外的各种元素的需求了。

作物使用植物诱导剂后，酪氨酸增加43%，蛋白质增加25%，维生素增加28%以上，就能达到不增加投入、提高作物产量和品质的效果。

光合速率大幅提高与自然变化逆境相关，即作物沾上植物诱导剂液体，幼苗能抗7～8℃低温，炼好的苗能耐6℃低温，免受冻害，特别是花芽和生长点不易受冻。2009年，河南、山西省出现极端低温-17℃，连阴数日后，温室黄瓜出现冻害，而冻前用过植物诱导剂者则安然无恙。

因光合速率提高，植物体休眠的细胞减少，作物整体活动增强，土壤营养利用率提高，浓度下降，使作物耐碱、耐盐、耐涝、耐旱、耐热、耐冻。光合作物强、氧交换能量大，高氧能抑菌灭菌，使花蕾饱满，成果率提高，果实正、叶秆壮而不肥。

作物产量低，源于病害重，病害重源于缺营养素，营养不平衡源于根系小，根系小源于氢离子运动量小。作物沾上植物诱导剂，氢离子会大量向根系输送，使难以运动的钙、硼、硒等离子活跃起来，使作物处于营养较平衡状态，作物不仅抗病虫侵袭性强，且产量高，风味好，还可防止氮多引起的空心果、花面果、弯曲果等。这就是植物诱导剂与相应物质匹配增产优异的原因。

一是因为碳素物是作物生长的三大主要元素，在作物干物质中占45%左右，应注重施碳素有机肥。二是因为复合生物菌与碳素物结合，益生菌有了繁殖后代的营养物，碳素物在益生菌的作用下，可由光合作用利用率的20%～24%提高到100%，76%～80%营养物是通过根系直接吸收利用，所以作物体生长就快，可增加2～3倍，我们要追求果实产量，就要控制茎秆生长，提高叶面的光合强度，植物诱导剂就派上用场，能控秧促根，控蔓促果，使叶茎与果实由常规下的5:5，改变为3～4:6～7，果实产量也就提高20%～40%。

植物诱导剂1200倍液，在蔬菜幼苗期叶面喷洒，能防治真、细菌病害和病毒病，特别是西红柿、西葫芦易染病毒病，早期应用效果较好。作物定植时按800倍液灌根，能增加根系0.7～1倍，矮化植物，营养向果实积累。因根系发达，吸收和平衡营养能力强，一般情况下不沾花就能坐果，且果实丰满漂亮。

生长中后期如植物株徒长，可按600～800倍液叶面喷洒控秧。作物过于矮化，可按2000倍液叶面喷洒解症。因蔬菜种子小，一般不作拌种用，以免影响发芽率和发芽势。粮食作物每50克原粉沸水冲开后配水至能拌30～50千克种子为准。

具体应用方法：取50克植物诱导剂原粉，放入瓷盆或塑料盆（勿用金属盆），用500克开水冲开，放24～48小时，兑水30～60千克，灌根或叶面喷施。密植作物如芹菜等可667平方米放150克原粉用1500克沸水冲开液随水冲入田间，稀植作物如西瓜667平方米可减少用量至原粉20～25克。气温在20℃左右时应用为好。作物叶片蜡质厚如甘蓝、莲藕，可在母液中加少量洗衣粉，提高黏着力，高温干旱天气灌根或叶面喷后1小时浇水或叶面喷一次水，以防植株过于矮化，并提高植物诱导剂效果。植物诱导剂不宜与其他化学农药混用，而且用过植物诱导剂的蔬菜抗病避虫，所以也就不需要化学农药。

用过植物诱导剂的作物光合能力强，吸收转换能量大，故要施足碳素有机肥，按每千克干秸秆长叶菜10～12千克，果菜5～6千克投入，鸡、牛粪按干湿情况酌情增施。同时增施品质营养元素钾，按50%天然矿物钾100千克，产果瓜8000千克，产叶菜1.6万千克投入，每次按浇水时间长短随水冲施10～25千克。每间隔一次冲施绛州绿生物菌液1～2千克，提高碳、氢、氧、钾等元素的利用率。

2010年，新绛县南王马村和襄汾县黄崖村用生物技术，夏秋西红柿667平方米产1万～2万千克，而对照田全部感染病毒病而拔秧。

六、作物增产的"助推器"——植物修复素

每种生物有机体内都含有遗传物质，这是使生物特性可以一代一代延续下来的基本单位。如果基因的组合方式发生变化，那么基因控制的生物特性也会随之变化。科学家就是利用了基因的这种可以改变和组合的特点来进行人为操纵和修复植物弱点，以便改良农作物体内的不良基因，提高作物的品质与产量。

植物修复素的主要成分：B－JTE泵因子、抗病因子、细胞稳定因子、果实膨大因子、钙因子、稀土元素及硒元素等。

作用：具有激活植物细胞，促进分裂与扩大，愈伤植物组织，快速恢复生机；使细胞体积横向膨大，茎节加粗，且有膨果、壮株之功效，诱导和促进芽的分化，促进植物根系和枝杆侧芽萌发生长，打破顶端优势，增加花数和优质果数；能使植物体产生一种特殊气味，抑制病菌发生和蔓延，防病驱虫；促进器官分化和插、栽

株生根，使植物体扦插条和切茎愈伤组织分化根和芽，可用于插条砧木和移栽沾根，调节植株花器官分化，可使雌花高达70%以上；平衡酸碱度，将植物营养向果实转移；抑制植物叶、花、果实等器官离层形成，延缓器官脱落、抗早衰，对死苗、烂根、卷叶、黄叶、小叶、花叶、重茬、落铃、落叶、落花、落果、裂果、缩果、果斑等病害症状有明显特效。

功能：打破植物休眠，使沉睡的细胞全部恢复生机，能增强受伤细胞的自愈能力，创伤叶、茎、根迅速恢复生长，使病害、冻害、除草剂中毒等药害及缺素症、厌肥症的植物24小时迅速恢复生机。

提高根部活力，增加植物对盐、碱、贫瘠地的适应性，促进气孔开放，加速供氧、氮和二氧化碳，由原始植物生长元点逐步激活达到植物生长高端，促成植物体次生代谢。植物体吸收后8小时内明显降低体内毒素。使用本品无须担心残留超标，是生产绿色有机食品的理想天然矿物物质。

用法：可与一切农用物资混用，并可相互增效1倍。

适用于各种植物，平均增产20%以上，提前上市，糖度增加2度左右，口感鲜香，果大色艳，保鲜期长，耐贮运。

育苗期、旺长期、花期、坐果期、膨大期均可使用，效果持久，可达30天以上。

将胶囊旋转打开，将其中的粉末倒入水中，每粒兑水14～30千克叶面喷施，以早晚20℃左右时喷施效果为好。

总而言之，应用五大要素整合创新技术，可以使土壤健康，从而打开植物的二次代谢功能，提高产量。

西方观念对疾病的处理态度是清除病毒病菌，从用西药到切除毒物均是缘于这种观念，所以在生产有机蔬菜上是讲干净环境，无大肠菌，从用化肥、化学农药到禁用化学农药与化肥，在作物管理上是跟踪、监控、检测，产量自然低，品质自然差。

中国人的观念是对病进行调理，人与自然要和谐相处，包括病毒、病菌、抗生素和有益菌。所以，中国式传统农业是有机肥+轮作倒茬，土壤和植物的保健作业。在生产有机食品上的现代做法是，碳素有机肥+复合生物菌液+植物诱导剂+赛众28等。主次摆正，缺啥补啥，扬长补短。

在栽培管理上，注重中耕伤根、环剥伤皮、打尖整枝伤秧、利用有益菌等，打开植物体二次代谢功能而增产，保持产品的原有风味。

中国农业科学院土肥所刘立新院士从2000年开始提出用农业生产技术措施，在生产有机农业产品上意义重大。他提出"植物营养元素的非养分作用"，就是说作物初生根对土壤营养的吸收利用是有限的，而通过育苗移栽，适当伤根，应用有益生物菌等作物根系吸收土壤营养的能力是巨大的，这就是植物次生代谢功能的作用。

用有益菌发酵分解有机碳素物，是选择特殊微生物，让作物发挥次生代谢作用，可以实现营养大量利用和作物高产优质。比如，秸秆、牛粪、鸡粪施在田间后，伴随冲施复合生物菌液或生物有机肥，作物体内营养在光合作用大循环中，将没有转换进入果实的营养，在没有流向元点时，中途再次进入营养循环系统去积累生长果实，即二次以后不断进行营养代谢循环，就能提高碳素有机物利用率1～3倍，即增产1～3倍。

作物缺氮不能合成蛋白质，也就不能健康生长，影响产量。施氮，其中的硝酸盐、亚硝酸盐污染作物和食品，使生产有机食品成为一个难题。而用复合有益菌+氨基酸与有机碳素物结合，成为生物有机肥，可以吸收空气中的氮和二氧化碳，解决作物所需氮素营养的60%～80%，加之有机肥中的氮素营养，就能满足作物高产优质对氮的需要。在缺钾的土壤中施钾；用植物诱导剂控秧促根，可提高光合强度，激活叶面沉睡的细胞；复合生物菌在碳素有机肥的环境中，扩大繁殖后代，可比对照增产1～5倍；其中的原因就是复合生物菌起到了植物二次代谢物质充足供应的重要作用。

有机肥内的腐植质中含有百里氢醌，能使土壤溶液中的硝酸盐在有益微生物菌活动期间提供活性氢，在加氢反应后还原成氨态氮，不产生和少产生硝酸盐，植物体内不会大量积累这类物质，土壤健康，植物就健康；食品安全，人体食用后也就健康。

土壤中有了充足的碳素有机肥、复合生物菌和赛众28矿物营养肥，土壤就呈团粒结构良好型、含水充足型、抗逆型、含控制病虫害物质型。

其中，分解物类有黄酮、氢肟酸类、皂苷、酚类、有机酸等有杀杂菌作用的物质；分解产生的胡桃酸、香豆素、羟基肟酸能杀死杂草；其产物中有葫芦素、卤化萜、生物碱、非蛋白氨基酸、生氰糖苷、环聚肽等物质，具有对虫害的抑制和毒死作用。

碳素有机肥在有益菌的作用下，与土壤、水分结合，使植物产生次生代谢作用形成氨基酸，氨基酸又能使植物产生丰富的风味物质，即芳香剂、维生素P、有机酸、糖和一萜类化合物，从而使农产品口感良好，释放出品种特有的清香酸甜味。

日本专家认为，过去土壤管理存在失误，被非科学"道理"忽悠着，钱花了、色绿了、作物长高了，产量却徘徊不前，甚至品质下降了，病虫害加重了。化学物的施用，成本高了、污染重了，农业生产出次品，人吃带毒食品，后代健康受到巨大影响。

土壤中凡用过化肥、化学农药的，其作物就具有螯合的中微量元素，即具有供应电子和吸收电子功能，导致元素间互相拮抗，从而闭合植物的次生代谢功能，自然营养利用率就低。而给土壤投入复合生物菌和赛众28矿物营养肥，打开作物次生代谢之门，大量的就会形成化感物质和风味物质，栽培环境就成为生命力强的土壤健康状态。

第三节　实例分析

1. 温室早春茬西红柿有机栽培667平方米产2.058万千克技术分析

山西省新绛县北杜坞村段占友，2010年早春茬西红柿按生物有机肥+复合生物菌液+植物诱导剂+钾+植物修复素技术，667平方米产2.058万千克。2010年3月28日～4月3日，农林卫视做了专题报道。

平整土地　清除杂物达到临播标准。

基肥与投物　840平方米施鸡粪、牛粪、秸秆各10立方，定植时随水冲施生物菌液4千克、赛众28肥100千克、45%生物钾15千克，稻壳肥100～200千克。按2.4万千克产量投肥。生物钾一次施入量不超过24千克，全程用51%硫酸钾130千克，生物菌液用16千克，植物诱导剂100克分3次按1400倍液喷施。每15千克配磷酸二氢钾50克，植物修复素用3次，每次4粒。操作沟地面铺3～5厘米厚的秸秆，利于降雾、控湿、提高地温，增加空气中二氧化碳的含量。

品种选择　选用西班牙"印帝安"品种（大红色）。上年9月中旬下籽，11月上旬定植，840平方米定植3800株，大行距70厘米，小行距60厘米，株距40厘米，主蔓留6穗果，侧蔓3穗果，每穗4～5果，平均株产果6.5千克，总产2.47万千克，折合667平方米产果2.058万千克。

湿度与温度　西红柿管理中保持空气干燥，空气湿度不能大于70%，起垄滴灌，方可达到有机产品和高产要求。晚上温度不低于8℃，白天大于26℃的时间不能超过半小时，以20～25℃为最好，昼夜温差14～18℃。

收购标准　果形圆正、表面亮度好，直径大于5.5厘米，无碰伤、无扎伤、无破裂、不空心、保留萼片，着色均匀，七八成熟左右，单果重180～220克。

2. 温室秋茬西红柿有机栽培667平方米产2.04万千克分析

北京市顺义区顺安路15号、中国人民解放军某部胡如意，2009年秋茬西红柿按"碳素有机肥+复合生物菌液+植物诱导剂+钾+植物修复素=有机蔬菜技术"管理，667平方米产果2万千克。现将其高产操作技术分析如下：

一是选用中型果品种，即以色列金石王子。按说明单果重100～150克，而实际第二、三、四穗果多数单果重250克左右，穗着果5～6个，穗平均产果重1.3千克；第一、五穗单果重200克左右，穗重1.1千克，平均单株产量6千克，667平方米栽3400株，667平方米产量2.04万千克。秆壮、果亮、丰满、口感好，系有机西红柿。

二是2009年7月下旬下种直播，9月下旬定植，11月下旬始收，12月份结果。

三是667平方米基施1.2万千克牛粪，鸡粪2000千克，羊粪1万千克，用2千克生物菌分解有机肥。

四是西红柿三叶一心时，叶面喷一次1200倍液的植物诱导剂，植株不染病毒病。苗圃中随水冲入500克生物菌，幼苗健壮。

五是生长期每次冲入生物菌1～2千克，共用20千克，冲两次生物菌中间施一次生物钾15～20千克，共施含钾55%俄罗斯生物钾50

千克。生长后期叶面喷施植物诱导剂3次，植物修复素2次，5穗果茎高1.4米左右，几乎没有感染病虫害。

笔者对其技术操作投物的参数分析如下：

一是幼苗期用植物诱导剂和复合生物菌准确，所以苗齐苗壮。

二是碳素充足。碳、氢、氧是决定产量的三大元素，占植物干物质的96%。氮、磷、钾只占2.7%。每千克碳素可供产植物整体20～24千克，果实占50%～70%，即12千克以上。牛粪中含碳25%左右，含钾0.16%，1.2万千克牛粪含碳素3000千克，含钾20千克；鸡粪中含碳25%，钾0.85%，2000千克含碳500千克，含钾17千克；羊粪中含碳16%左右，含钾0.23%，1万千克可供碳素1600千克，钾23千克。三肥中含碳达5000千克，可供产果6万千克以上，因碳素较多不会对作物造成危害，故碳素足增产潜力大。每千克钾可供果170～200千克，还可增产30%左右，因钾可移动，在控秧的技术下，88%钾又被果利用。对西红柿而言，22%钾被茎秆吸收，78%钾被果实吸收。三肥中含钾60千克，生物菌每季可从土壤中分解钾8.4千克，68.4千克纯钾可供产果11 500～15 000千克，667平方米产2万千克以上，尚需补充含钾55%的天然矿物钾50～100千克，增产果实0.5～1万千克。不断往田间冲施复合生物菌液，分解有机碳素肥中的营养，吸收空气中的二氧化碳和氮，不必再往田间施氮素化肥和其他营养元素，就能满足高产需要；且生物菌能使有机肥中的碳、氢、氧、氮等16种营养等以菌丝体形态在弱光下直接通过根系进入植物体，生长速度是光合作用利用有机质和积累营养的3倍（据日本比嘉照夫试验和笔者推广调查证明）。如河南省内黄县王合军2009年按此技术，比用化肥、鸡粪，没用生物菌者增产2.8倍。

三是用植物诱导剂和植物修复素控秧增产。温室蔬菜高产要素之一是前期促根控秧和后期控蔓促果。生长期按667平方米用50克植物诱导剂，兑水45千克，叶面喷洒3次，植物修复素叶面喷洒2次，每粒6克兑水15千克，间隔20天左右一次，植株秆壮，色绿无病，株矮光合产物趋向果实。叶片细胞活跃，光合强度大，根系多，吸收能力强，打破顶端优势，营养往果实转移，故果大产量高，着色一致，果面丰满光亮。

温室西红柿投入产出估算：12方牛粪500元，2方鸡粪160元，10方羊粪500元，生物菌20千克500元，150克植物诱导剂75元，50千克天然矿物钾250元，6粒植物修复素30元，农资总投资2015元，产量2.04万千克，因部队自食，没计经济收入，故按批发时价2.6元1千克，产值5.2万元，投入产出1：25。

建议：一是因碳素营养充足，故再多施55%天然矿物钾50～100千克，还有较大增产空间。二是因用植物诱导剂和植物修复素控秧，5穗果株高1.4米，完全可以再留2～3穗果，使株高达1.7米左右，还有较大增产潜力。

3. 温室夏茬西红柿有机栽培667平方米产1.25万千克分析

山西新绛县北熟村辛保珍，2008年按生物有机肥+植物诱导剂+钾+植物修复素技术种植荷兰百利品种（夏茬）西红柿，667平方米栽1800株，每茬留7～8穗果，每穗留4～5果，株产7千克，667平方米产1.25千克左右。

技术要点：一是起垄栽培；二是耕作层土壤含牛粪20%以上，加少量稻壳，用生物菌分解，产品色泽鲜艳，耐储耐运。操作要素如下：

茬口安排　温室和两膜一苫栽培夏茬3～4月育苗（品种宜用荷兰百利毛粉802），2008年6月下旬定植，8月下旬始收，10月份结果。

营养床土配制　667平方米栽植面积需备育苗床25～30平方米。

床土为40%腐植酸有机肥，40%的阳土，20%腐熟7～8成的牛粪，500克生物菌液，与粪肥拌均整平。土钵疏而不易散，养分平衡，不沤根，根多秧壮。勿用化肥和没经生物菌分解的生粪。

播种　夏秋茬种子用高锰酸钾1000倍液消毒；越冬茬和早春茬用硫酸铜500倍液杀菌。播前浇一足水，深4厘米，积水处撒土将畦面赶平，撒籽，覆土0.5厘米厚，盖地膜保湿保温。白天温度在25～30℃，夜晚在10～13℃，幼苗出土后逐渐放风炼苗，幼苗出齐前不浇水。无猝倒苗。

苗期管理（4月1日至9～10月）控水防徒长促扎深根，出苗60%揭膜放湿，子叶展开按2～3厘米见方疏苗，3片真叶时按8～10厘米见方分苗，分苗时浇灌生物菌或磷锌钙营养长根，促进花芽分化。培育健壮苗，不徒长、不僵化、不染病、根发达。控水防涝，高温干旱期遮阳，连阴天也揭开草苫见光炼苗。下种后10天切方，定植前10天移位囤苗，护根提高抗逆性。

定植前准备　移栽前10天用生物菌液100克兑水15千克喷于幼苗，前7天全日揭膜炼苗。以菌克菌，无病定植。喷雾器装过化学杀菌剂需清洗后间隔48小时，再装有益菌剂，喷后保持2～3天较高湿度，使之大量繁殖抑制和杀灭有害菌。

肥料运筹　按一茬667平方米产果实1万千克设计投肥，需纯氮38.6千克，土壤中需维持19千克为足；五氧化二磷11.5千克，基施为主；氧化钾44.4千克，在结果期施入为主。每千克碳素可产鲜秆、果各10千克，碳素营养共需碳素有机质1000～1300千克。第一年新菜地可多施入土壤储备量1倍左右，第二茬减少50%。干秸秆中含碳45%，秸秆堆肥（带土、湿）、牛马粪、禽类粪中含碳25%左右，腐植酸肥中含碳30%～54%。沤制秸秆中的氮磷钾含量分别是0.45%、0.22%和0.57%，鸡粪中的氮磷钾含量分别是1.65%、

1.5%和0.85%。667平方米备3000千克干秸秆沤制肥，可供碳1350千克；或牛粪4000千克，含碳1040千克，加腐植酸100千克，含碳250千克，氮13.5千克，磷6.6千克，钾17.1千克。1000千克鸡粪中含碳250千克、氮16.5千克、磷15千克、钾8.5千克。总碳1600千克左右、氮30千克、磷21.6千克、钾25.6千克，碳够氮多、磷足。缺钾23千克，西红柿地富钾也可增产，故结果期再追施45%天然矿物钾100千克。鸡粪过多会引起氮磷浪费和肥害，造成植株生理失衡而染病减产。如秸秆不足，可用腐植酸肥补充。碳元素需施入生物菌，液体2千克或生物菌肥固体50千克，分解和保护碳氮营养。中后期追施液体菌4～6千克，并能持久吸收空气中的二氧化碳和氮气，补充量可达60%左右，分2～3次冲施。土壤碳氮比达30∶1～80∶1。土壤本身碳氮比为10∶1。低投入，高产出，营养平衡好管理，产品达到有机食品要求。谨防盲目多施肥，造成土壤浓度大，营养过剩而多病减产。因667平方米土壤氮存量19千克为平衡，磷要保持酸性均衡供应，故鸡粪要穴侧施或沟施。

整地起垄　耕深30厘米，垄宽70厘米，高10厘米。防积水沤根，受光面大，提温快。垄土不宜太粗太细，保证土壤透气性和持水性。

选膜覆盖

首选聚乙稀无滴白色膜和绿色膜。选1.3米宽微膜盖垄，把地膜拉紧，四周用土压紧，条与条间距10～15厘米空隙。控湿保温，提高和延后上市，受光促根。地膜延秋茬迟盖，脱土表水份诱长深根，越冬和早春茬及早盖，保温保墒护根，夏季随时盖，保墒防根脱水。

选苗　夏秋茬选择有茸毛苗，可防治虫伤传毒；根多壮苗。淘汰猝倒、黑根茎苗。

密度　株距40厘米，大行距60厘米，小行距40～45厘米，温室667平方米栽2400～2900株，大棚栽3300株。群体受光均匀，充分利用空间，防止过稠徒长和染病。露地为挡光保湿护果秧，合理密植为好。

定植　667平方米用生物菌液1千克，用40℃温水浸泡4～6小时，加水稀释浇苗床；适当深栽（12厘米），高腿苗可用U型栽培法；栽完后用800倍液的植物诱导剂灌根茎部，之后1小时浇水。愈合伤口，消灭杂菌病毒，控秧壮根。增加根系70%左右，提高光合强度0.5～4倍。围绕控温、控湿、控秧促根管理，因深根长果，浅根长叶蔓。

整枝、疏果　温室夏秋茬5～7穗果；拱棚、露地3～4穗果；分次打顶，使植株高低一致，去芽不过寸，老黄叶早摘，单秆整枝，每穗留2～4果，株高控制在1.7米左右。控蔓促果，果形正、产量高。每穗果轮廓长成，将果穗下的所有叶片摘掉，以免老叶产生乙稀，使果实中的钾外流而软红减产、不耐运。

中耕　中耕2～3次，深2～5厘米。浇水、雨后淋湿和作业踩踏的土壤，及时松土破板，早春中耕合土缝保墒保温。土壤含氧量保持在19%，防止沤根和根浅脱水。促微生物活动、根深扎。除草、保温、保墒、排湿。

营养防病　氮磷钾比例为3∶1∶5～7，高、低温期叶面补硼促花粉粒成熟饱满，喷锌促柱头伸长授粉受精，每间隔20～30天，叶面喷赛众28营养液，根部浇施生物菌液平衡土壤和植物营养。露地和夏秋茬喷锌、硅、钼防治病毒病。轻度病害每隔7天用一次铜皂液（硫酸铜、肥皂各50克兑水14千克）；中度病害用铜铵合剂（硫酸铜、碳铵各50克，兑水14千克）；重度病害用波尔多液（50克硫酸铜，40克生石灰液分开化，兑水至14千克同时倒入溶器叶面喷洒，防晚、早疫等病效果优异）。叶面喷钾、硼防真菌病害。经常浇施生物菌液可防治死秧、根结线虫等病害。地上与地下平衡，叶蔓与果实平衡。果大而匀，色艳耐存，食味佳。以20℃左右时，浇施或叶背喷雾为好。

生态防虫 温室、棚内每60平方米挂一黄板诱杀飞虫；或在矿灯、电灯外罩一塑料膜涂胶，引诱粘杀；用灭蚜宁薰杀，连用两天；露地每4公顷加一频振式电击杀虫灯灭虫；每667平方米取麦麸2.5千克，炒香拌糖、醋、敌百虫各0.5千克，有塑膜垫底，傍晚分放在10处诱杀地下害虫，早上捡虫消灭。根结线虫和地蛆可用草木灰和有益生物菌防治。勿用化学杀虫剂，以免杀死害虫天敌，破坏土壤结构。

浇水 共浇水5～8次，定植时以浇透为准，之后控水、控叶促根深扎，秧苗生长期不浇，结果期少次适量。地面和空气保持干燥，根深，易授粉着果，果大，着色均匀，不易染病。保护地内30℃以上，20℃以下不浇水。露地高温时以傍晚浇水为好。

温度 白天22～32℃，前半夜18～15℃，后半夜授粉期12～13℃，长果期8～11℃。授粉受精良好，果形正，蔓不疯长，产量高。谨防温度高于35℃和低于8℃。

光照 幼苗期2万～3万勒克斯，结果期5万～7万勒克斯，6～9月份高温强光期适当遮阳，叶面可喷植物诱导剂800倍液增加叶片光合强度。秧不疯长、不僵化、无空穗。遮阳勿过度，以免秧蔓徒长。

投入产出概算以温室为例：种子30克100～1000元，生物菌液体10千克250元，秸秆沤制费或牛粪4000千克200元，鸡粪1000千克60元，45%天然矿物钾100千克400元，锌、硼、钙、锰、镁等中微量元素50元，塑料膜100千克1400元，可用两作合700元，土地费

300元，浇水200元，设施折旧900元，用工80个1600元，每作合计4790元。

2012年，山西市场最低价每千克2元，最高价每千克7元，平均价为3.5元，667平方米一级品年产1万千克，毛收入4.5万元，减去成本9580元，纯利约3.5万元，投入产出比为1∶4.6。2008年，美国纽约市场有机西红柿每千克合人民币18.28～56元。俄罗斯西伯利亚有机西红柿每千克合25元人民币，新加坡有机西红柿每千克合35元人民币。

笔者对其技术操作投物参数分析如下。

按一茬667平方米产果实2万千克设计投肥，需纯氮77千克，土壤中需维持19千克为足；五氧化二磷23千克，基施为主；氧化钾88.8千克，在结果期施入为主。每千克碳素可产鲜秆、果各10千克，碳素营养共需碳素有机质2000～2600千克。第一年新菜地可多施入土壤储备量1倍左右，第二茬减少50%。干秸秆中含碳45%；秸秆堆肥中（带土、湿）、牛马粪、禽类粪中含碳25%左右，腐植酸肥中含碳30%～54%。沤制秸秆中的氮磷钾含量分别是0.45%、0.22%和0.57%；鸡粪中的氮磷钾含量分别是1.65%、1.5%和0.85%。667平方米备6000千克干秸秆沤制肥，可供碳2700千克；或牛粪8000千克，含碳2080千克，加腐植酸200千克，含碳500千克，氮27千克，磷13千克，钾34.2千克。1000千克鸡粪中含碳500千克，氮33千克，磷30千克，钾17千克。总碳3200千克左右，氮60千克，磷43千克，钾51千克，碳够、氮多、磷足。缺钾46千克，西红柿地富钾也可增产，故结果期再追施45%生物钾200千克。鸡粪过多会引起氮磷浪费和肥害，造成植株生理失衡而染病减产。如秸秆不足可用腐植酸肥补充。碳元素需施入生物菌液2千克或生物菌肥固体50千克，分解和保护碳氮营养。中后期追施液体菌4～6千克，并能持久吸收空气中的二氧化碳和氮气，补充量可达60%左右，分2～3次冲施。土壤中的碳氮比达30∶1～80∶1。土壤本身的碳氮比为10∶1。低投入，高产出，营养平衡好管理，产品达到有机食品要求。谨防盲目多施肥，造成土壤浓度大，营养过剩而多病减产。因667平方米土壤氮存量19千克为平衡，磷要保持酸性均衡供应，故鸡粪要穴侧施或沟施。

4. 温室西红柿有机栽培落蔓管理一茬667平方米产1.7万千克分析

陕西礼泉县阡东镇西王村苏龙江2007年种的"优异"西红柿品种（西安天禾园艺公司生产），667平方米备籽10克50元，7月下种，2008年8月拉秧，长了13层果，落蔓管理，蔓长达3.8米，667平方米产1.7万千克，收益丰厚。

667平方米施牛粪12方，鸡粪4方。牛粪中含碳25%，含氮磷较少，适宜控秧长果，而鸡粪中含氮1.63 %，含磷1.5%，氮多叶旺抑花果，磷多土壤板结伤根系，营养不平衡。所以，要注重施牛粪节支增产，防止鸡粪过多。667平方米冲施生物菌菌液1～2千克，土壤和植物营养平衡。

如有空穗，在此处留一侧芽，待侧芽上生出花穗，摘去生长点，就补上了空穗空缺问题。

固体的含菌量每克2000万个左右，脱水后就会失效。液体的每克含菌20亿～300亿，667平方米用1～2千克，兑水洒在有机肥上，20天左右就成了数吨生物有机肥，运输和投入成本都低，自然是液体的合算。而且液体的拿回家，每500克兑水5千克，放红糖0.5千克，在20～30℃环境中密闭存放2～3天，就成为自繁生物菌液了，成本更低，投入产出比值更高。

如果667平方米产量在0.5万～1万千克瓜果蔬菜或叶类菜，可按这个比例施用，如果667平方米产达2.5万～3万千克，鸡粪就不能再增加了，因为单位面积上的氮磷含量已足够了，再多施，会破坏土壤营养结构，伤害植株而导致减产。黄瓜因根系有回避特性，危害较轻些，西红柿、茄子、辣椒会因土壤浓度大而腐皮死秧。牛粪中含氮磷少，667平方米施15方，秸秆中更少，667平方米施20方都不会伤及根秧，而且必须将这些碳、氢、氧三大元素有机物质肥施进去，才能保障高产、优质。

过去的认识一是用铜制能剂灭杂菌，二是给植物补铜能增强抗病力，现在的认识是以菌代菌改善生态环境，技术先进高明多了。当然，用铜制剂防病增产办法还可用，有机食品生产中准许用少量硫酸铜制剂。

因为硫酸铜会杀死有益生物菌，所以不能同用。天然矿物钾能与生物菌同时用，但随水冲入时错开，因天然矿物钾内含有物质酸，稀释后就不会杀伤有益菌了。天然矿物钾与生物有机肥拌和用，就成了生物有机钾肥了。所以，国际上有机食品标准要求，允许在缺钾区域土壤中用一定数量的天然矿物钾。根据日本资料报道，生物有机肥可将无机氮（钾）有机化。

碳素有机肥+有益菌液+钾+植物诱导剂=有机蔬菜，四要素有牵连。有机碳素粪肥靠有机菌分解，保护营养，并供作物长效享用；而有机肥又是有益菌生存繁殖的食物营养；缺有机肥，有益菌不能大量繁殖，效果较差，当然比不用还是好得多。钙大量存于土壤，其他元素有机肥中足够，氮可通过生物菌从空气中摄取，唯钾在我国多数土壤中缺少，不能再生，必须按100千克含量45%天然矿物钾产瓜果6000千克补充，才能保障高产、优质。

植物诱导剂是一种植物制剂，农作物接触后光合强度增大0.5～4倍，根系增加0.7～1倍，可控制地上部徒长，用600～800

倍液一次就能起以上三大作用。解除植株僵化过矮用2000倍液为准，特别是西红柿在苗期叶面上喷1500倍液1～2次，植物一生不染病毒病，很少染真菌、细菌病害，效果很好。

用法是：每667平方米备50克原粉，用0.5千克开水冲开，放24～48小时，兑水灌根或叶面喷洒一小时后再浇水或叶面喷一次清水即可，在阴雨凉爽天用后不喷水也可。

西红柿是适旱作物，育苗期切勿移位"囤"秧，定植后控水"蹲"蔓，结果期控秧促果，一生管理围绕保持干燥环境为好。干燥环境中生长的西红柿根深，深根利于长果，利于花授粉，蕾膨大，果着色匀，病害轻，产量高，品质好。不能按天数定浇水期，沙性土质中期可10～15天浇一次，黏土20～35天浇一次都可以。

按四大要素生产有机食品蔬菜，只是近5年的事，菜农先注重的是钾增产，后发现的是生物菌的解害作用，又发现的是植物诱导剂最终对植物的矮化抗病增根作用，继尔在实践中了解牛粪秸秆的增产作用，最终改变了过去的传统认识，作物生长三大元素是占作物干物质96%的碳、氢、氧，而不是占4%以下的氮、磷、钾。

笔者对其技术操作投物参数分析如下。

碳素有机质多施入30%～50%，含量45%天然矿物钾多施入100千克，667平方米可产2万千克。

5. 早春温室种植千禧樱桃有机西红柿落蔓管理一茬667平方米产1.25万千克分析

2010年，山东省济南市济宁县范家庄范吉庆（联系电话：15853121918）在早春温室种植千禧樱桃西红柿。

（见前文P52）。这块1300平方米的地产西红柿2.5万千克，收入10.2万元，比邻地用化肥、农药增产70%以上。果形果色好看，食味甘甜，田间几乎没发生过病虫害。

小西红柿可以周年下种，周年供应。按照有机肥、生物菌、植物诱导剂、钾、植物修复素技术可以连茬栽培，并且产品属有机食品。一年两作栽培，一茬667平方米产1.25千克。现将管理技术介绍如下：

品种选择：粉红果可选"千禧"、"圣女"，大红果可选"米兰"，紫黑果可选"黑妃20"、"黑姬3号"，黄色果可选"日本贵妃"，单果重12～20克。按8厘米×8厘米直径的营养钵育苗，营养土为牛粪、园土各50%，用生物菌液分解，不施任何化肥。

改良土壤：黏性土质，保水保肥性好，但透气性差，易积水沤根、叶黄化，产生畸形果。需拌5～10厘米厚的细沙，以提高土壤的透气性。

肥料运筹：2009年3月28日，范吉庆小西红柿667平方米产1.3千克按1.6千克投肥，需667平方米施牛粪6000千克（理论数字，每千克可产果4千克），或玉米秸秆3400千克（理论数字，每千克可供产果6千克），鸡粪2000千克，（土壤中需缓冲碳30%～80%，仍有高产趋性，并不会对作物造成危害）。鸡粪超过5000千克，氮多伤根，磷多土壤板结，会严重影响产量。667平方米用2千克生物菌液分解有机肥，基肥拌施45%天然矿物钾25千克。

育苗定植：①三叶一心时，在苗床上冲施一次生物菌液，667平方米2千克；五叶一心时，叶面喷洒一次1200～1500倍液的植物诱导剂，即取10克原粉用100克热水化开，放48小时，兑水12～14千克，叶面喷洒。防治病毒病及其他真、细菌病害，提高光合强度。②定植时起垄高15厘米，畦宽1.4米，栽两行，行距1米，株距45厘米左右，667平方米栽2000～2700株。

田间管理：①选用吉林产聚乙烯紫光膜，可提高室温，矮化植株。②栽后控制浇水，保持空气干燥，幼根深扎，设滴灌。干旱根深，易授粉坐果，产量高，果实丰满漂亮。③双秆整枝，及时打杈。④定植后用800倍液植物诱导剂灌根，每667平方米用药液40千克，即原粉50克，增加根系，提高光合强度，增强植株抗冻、抗寒、抗热的能力。⑤长果期，每次随水冲45%天然矿物钾20～24千克，提高果实的硬度和产量，总需投天然矿物钾150千克左右。⑥果实着色期喷1～2次植物修复素，打破顶端优势，使营养往果实转移，增加果实甜度和丰满度，着色均匀。

笔者对其技术操作投物参数分析如下。

碳素有机质多施入30%～50%，含量45%天然矿物钾多施入50千克，667平方米预计产量可达1.5万千克。

附 录

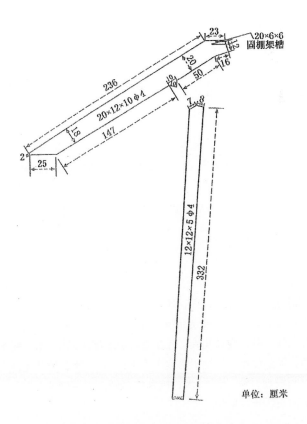

单位：厘米

附图1　鸟翼形长后坡矮后墙生态温室预制横梁与支柱构件图

（摘自《有机蔬菜良好操作规范》2007年，科学技术文献出版社，马新立著）

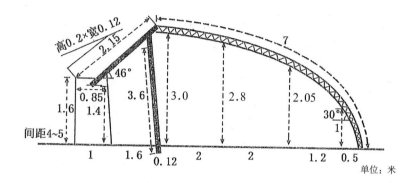

注：
上弦：国标管外φ2.5公分（6分管）　下弦：φ12#圆钢　W型减力筋：φ10#圆钢
水泥预制立柱上端马蹄形，往后倾斜30°　水泥预制横梁后坡度46°，上端设固棚架穴槽

附图2　鸟翼形长后坡矮后墙生态温室横切面示意图

特点：冬至前后室温白天可达28～30℃，前半夜为18℃左右，后半
　　　夜最低为12℃左右，适宜栽培各种喜温蔬菜。

结构：后墙矮，仰角大，受光面大。后屋深，冬暖夏凉。棚脊低，
　　　升温快。前沿内切角大，散光进入量比琴弦式多17%。跨度适
　　　当，安全生产。方位正南偏西7°～9°，冬季日照及光合作用
　　　时间增加11%。墙厚1米，抗寒贮热好。后屋内角为46°，冬
　　　至前后四角可见光。

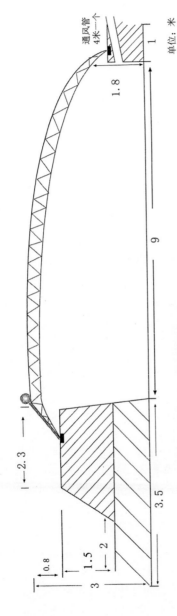

附图3　鸟翼形无支柱半地下式简易温棚横切面示意图

特点：
(1) 土地利用率为70%。
(2) 昼夜温差大，适宜茄子、西红柿、黄瓜、彩椒等瓜果菜宜高产优质；
(3) 造价是温室的2/3，抗风；
(4) 夏天便于通风排湿，适合早春、越夏、早秋栽培各种蔬菜；
(5) 微喷滴灌。

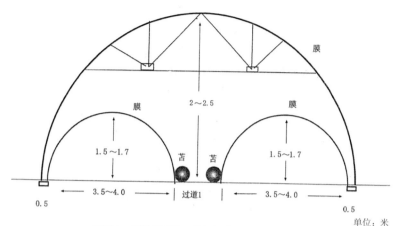

附图4　组装式两膜一苫钢架大棚横切面示意图

特点与用料：（1）南北走向；（2）大棚1寸钢管焊制，长6.5～7米；（3）小棚用厚1厘米，宽3.5～4厘米的竹片。

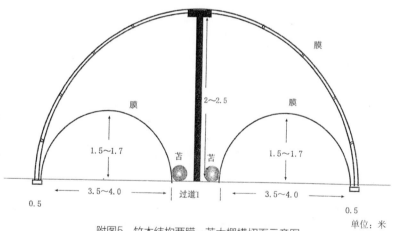

附图5　竹木结构两膜一苫大棚横切面示意图

特点与用料：（1）南北走向；（2）大棚竹竿粗头直径为10厘米，长6.5～7米；（3）小棚用厚1厘米，宽3.5～4厘米的竹片；（4）立柱砼预制件10厘米×10厘米，内设4根4.5毫米的冷拔丝。

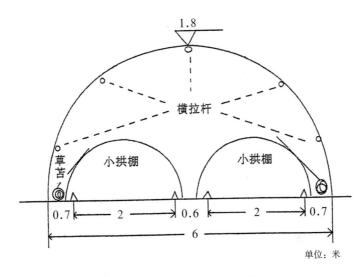

单位：米

附图6　两膜一苫中棚横切面示意图

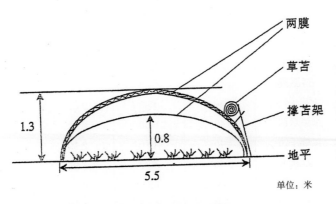

单位：米

附图7　两膜一苫小棚横切面示意图

附表1　有机肥中的碳、氮、磷、钾含量速查表

肥料名称	碳(C,%)	氮(N,%)	磷(P₂O₅,%)	钾(K₂O,%)
粪肥类				
（干湿有别）				
人粪尿	8	0.60	0.30	0.25
人尿	2	0.50	0.13	0.19
人粪	28	1.04	0.50	0.37
猪粪尿	7	0.48	0.27	0.43
猪尿	2	0.30	0.12	0.00
猪粪	28	0.60	0.40	0.14
猪厩肥	25	0.45	0.21	0.52
牛粪尿	18	0.29	0.17	0.10
牛粪	20~26	0.32	0.21	0.16
牛厩肥	20	0.38	0.18	0.45
羊粪尿	12	0.80	0.50	0.45
羊尿	2	1.68	0.03	2.10
羊粪	12~26	0.65	0.47	0.23
鸡粪	20~25	1.63	1.54	0.85
鸭粪	25	1.00	1.40	0.60
鹅粪	25	0.60	0.50	0.00
蚕粪	37	1.45	0.25	1.11
饼肥类				
菜子饼	40	4.98	2.65	0.97
黄豆饼	40	6.30	0.92	0.12
棉子饼	40	4.10	2.50	0.90
蓖麻饼	40	4.00	1.50	1.90
芝麻饼	40	6.69	0.64	1.20
花生饼	40	6.39	1.10	1.90

续表

肥料名称	碳(C,%)	氮(N,%)	磷(P₂O₅,%)	钾(K₂O,%)
绿肥类				
（老熟至干）				
紫云英	5～45	0.33	0.08	0.23
紫花苜蓿	7～45	0.56	0.18	0.31
大麦青	10～45	0.39	0.08	0.33
小麦秆	27～45	0.48	0.22	0.63
玉米秆	20～45	0.48	0.22	0.64
稻草秆	22～45	0.63	0.11	0.85
灰肥类				
棉秆灰	（未经分析）	（未经分析）	（未经分析）	3.67
稻草灰	（未经分析）	（未经分析）	1.10	2.69
草木灰	（未经分析）	（未经分析）	2.00	4.00
骨灰	（未经分析）	（未经分析）	40.00	（未经分析）
杂肥类				
鸡毛	40	8.26	（未经分析）	（未经分析）
猪毛	40	9.60	0.21	（未经分析）
腐植酸	40	1.82	1.00	0.80
生物肥	25	3.10	0.80	2.10

注：每千克碳供产瓜果10～20千克、整株可食菜20～40千克，每千克氮供产菜380千克，每千克磷供产瓜果660千克。

附表2　品牌钾对蔬菜的投入产出估算

2010年3月20日

品　名	每袋产量	目前市价	投入产出比
含钾50%的天然矿物钾	每50千克袋可供产瓜果8000千克以上	每袋200元	1：40
含钾33%（含镁20%）（青海产）	每50千克袋可供产瓜果4126千克	每袋100元	1：20
含钾51%的天然矿物钾（新疆产）	每50千克袋可产瓜果8000千克	每袋240元	1：33
含钾52%的纯钾（俄罗斯产）	每50千克袋可产瓜果6700千克	每袋260元	1：25.7
含钾25%（含硅42%，稀土若干）（陕西合阳产）	每25千克袋可产瓜果625千克，硅可避虫，稀土增品质	每袋62元	1：10
含钾26%的膨坐果（含磷）	每8千克袋可产瓜果268千克	每袋20元	1：13.4
含钾20%的稀土高钙钾	每4千克袋可产瓜果122千克	每袋10元	1：12.2
含钾5%的茄果大亨（含氮8%）	每袋2.5千克，叶弱用	每袋7元	宜缺氮时使用
含钾22%的冲施灵（含镁、氮、磷）	每袋5千克，产果139千克	每袋20元	1：6.7

说明：按世界公认每千克纯钾可供产果瓜122千克、菜价按1元／千克计，因用复合生物菌或肥，还可分解土壤中粗粒钾，可吸收空气中的氮，分解土壤和有机肥中的矿物营养。另参考了有机蔬菜禁用化学氮、磷肥的因素。

恒伟达生物科技有限公司简介

山西恒伟达生物科技有限公司引进中国农科院微生物研究所、中国农科院土壤肥料研究中心的高新技术，并聘请中国农科院有关专家及全国农业生态科技专家马新立作技术指导，投资1500万元建成了年产生物有机肥30 000吨，复合微生物水溶肥10 000吨，复合微生物叶面肥2 000吨，有机肥10 000吨，有机无机复合肥10 000吨的生产线，产品已取得国家农业部微生物肥料登记证"微生物肥（2011）临字（1429号）"、"微生物肥（2012）临字（1581）号"、"微生物肥（2012）临字（1586）号"和山西省农业厅有机肥料登记证"晋农肥（2011）临字（0726）号"，并取得了有机生产投入品认证书"杭州万泰认证编号O100001"，注册了"绛州绿"牌肥料类商标。

公司的生物有机肥系列产品引进中国台湾、日本成熟的微生物菌种及先进的生产工艺，所用原料全部是种植业、养殖业、屠宰厂、淀粉厂等难以处理的废物，不仅原料成本低，而且转化利用了废弃有害资源，既保护了环境，又造福了社会。公司生产中每年可消化利用鸡粪40 000立方、羊粪30 000立方、牛粪30 000立方、兔粪10 000立方，玉米和棉花等农作物秸秆60 000吨、造纸厂浓黑液5000立方，淀粉厂、味精厂、屠宰厂浓废水8000立方，沼气池沼渣、沼液5000立方，这些生产减少了大量的养殖污染、种植污染及难以处理的工业污染。而上述这些污染废弃物中含有大量丰富的有机质，经公司先进的生物发酵工艺处理后，变成集生物肥、有机肥、无机肥特点于一体的，具有多效能和全价养分的优质肥料。这种产品可消除土壤板结，改良土壤，抗重茬；抑病菌，克虫卵；固氮解磷解钾，保水保肥，增产量；生态环保，提升品质；是农作物的"绿色食品"，是生态有机农业种植的必需产品。

有机肥含有农作物所需要的各种营养元素和丰富的有机质，是一种完全肥料。其施入土壤后，分解慢、肥效长，养分不易流失。

微生物有机肥施入土壤后，可为农作物提供全面的营养；有机肥腐解后，可为土壤微生物的生命活动提供能量和养料，促进土壤微生物的繁殖。微生物又通过其活动加速有机质的分解，丰富土壤中的养分，改良土壤结构，能有效地改善土壤中的水、肥、气、热状况，使土壤变得疏松肥沃，有利于耕作及作物根系的生长发育，增强土壤的保肥供肥及缓冲能力，也可增强土壤的深处供肥和耐酸碱的能力，为作物的生长发育创造一个良好的土壤条件。有机肥腐解后产生的一些酸性物质和生理活性物质能够促进种子发芽和根系生长。在盐碱地上施用有机肥，还具有改良土壤的作用，减轻盐碱对作物的危害，可增强土壤的蓄水、保水能力，提高作物的抗旱能力。施入有机肥后，还可以提高土壤的空隙度，使土壤变得疏松，改善根系的生态环境，促进根系的发育，提高作物的耐涝能力。

有机肥还可以提高肥的利用率。有机肥中的有机质分解时产生的有机酸，能促进土壤和肥中的矿物质养分溶解，从而利于农作物的吸收和利用。有机肥在分解过程中会释放出二氧化碳，在温室大棚内常用它来补充二氧化碳气肥。

公司奉行"以德为本、以质为根、科技创新、不断改进、信誉至上、优质服务"的宗旨。公司可带动养殖户1000户，带动养殖（鸡、羊、兔、牛）规模20万只（头），年带动农户增收200万元以上。

我们将用雄厚的科研技术力量、先进的生产设备为生态农业、有机农业、无公害绿色农业生产出优质的肥料，用我们优秀的团队为农民提供满意的服务。

张宝良（13703594428）

张怀良（0359-7698888）

内容简介

　　本书由国家蔬菜标准化示范县——山西省新绛县农业科技人员仪伟秀、与北京《蔬菜》杂志科技顾问马新立和河南省科技学院教授王广印合著。作者将开发整合的以有机蔬菜生产五大创新技术为核心的技术（即碳素有机肥＋绛州绿复合微生物菌＋植物诱导剂＋钾＋植物修复素技术）应用在全国各地西红柿生产上，一年两茬 667 平方米产 3 万～4 万千克。此栽培模式在生产管理中比过去的化学技术成本降低 30%～50%，产量提高 0.5～1 倍，而且产品符合有机食品出口标准要求，出口俄罗斯、日本、美国、韩国，并通过我国香港特区销往中东地区。本书所述有机西红柿生产技术流程内容简洁、直观、详实，便于模仿操作，具有较强的先进性、科学性和可行性。

　　本书适宜广大农民、技术服务者及农资企业管理者参考学习。

定价：14.00元　　　　定价：13.00元　　　　定价：24.00元

定价：22.00元　　定价：28.00元　　定价：29.00元　　定价：25.00元

定价：28.00元　　定价：16.00元　　定价：13.00元　　定价：14.00元

定价：15.00 元

定价：15.00 元

定价：18.00 元

定价：22.00 元

定价：19.00 元

定价：19.00 元

定价：19.00 元

定价：19.00 元

定价：33.00 元

定价：19.80 元

定价：12.00 元

定价：18.00 元

定价：16.00 元

定价：18.00 元

定价：14.00 元

定价：18.00 元